国家"十一五"重点[...]
迈向宇宙的天梯

U0683211

丛书主编 朱 进

星海波影

Waves of Star Ocean

闵乃世 著

科学普及出版社
·北 京·

图书在版编目（CIP）数据

星海波影/闵乃世著；朱进主编.
—北京：科学普及出版社，2010.7
（迈向宇宙的天梯·天文科普丛书）
ISBN 978-7-110-07234-9

Ⅰ.①星…　Ⅱ.①闵…　②朱…　Ⅲ.①星系-普及读物
Ⅳ.①P15-49

中国版本图书馆CIP数据核字（2010）第042406号

科学普及出版社出版

北京市海淀区中关村南大街16号　邮政编码：100081

电话：010-62173865　传真：010-62179148

http://www.kjpbooks.com.cn

科学普及出版社发行部发行

北京盛通印刷股份有限公司印刷

★

开本：787毫米×1092毫米　1/16　印张：5.625　字数：150千字

2010年7月第1版　2010年7月第1次印刷

印数：1 — 5000册　定价：20.00元

前 言

　　星空是一部天书。寂静晶莹的星空,无言却有形地展示着宇宙的伟大形象，满天星斗就是这天旋地转、斗换星移的天书第一页上的文字，它是人类第一个阅读大自然的书本，也是我们学习天文，探索宇宙奥秘，首先要阅读的第一本书。就让我们凭着《星海波影》这个"迈向宇宙的天梯"，来阅读这本天书，作为认识宇宙的第一步吧。

　　《星海波影》为了满足初学天文起步认星的需要，首先提供的是一套"每月星图"，这是一套直线地平的分瓣式十字型星图，图上东南西北各占一边，星图上的星座名称文字各朝一个方向的地平线排列。使用这种星图看南天星空时把标有"南"字的一段地平线放在下方保持水平，这时看到图上画的南天星空形象与南方真实的星空形象便完全一样。看北方（或东方、西方）的星空时就把这幅星图转过来，把标有"北"字（或"东"字、"西"字）的一段地平线放在下方保持水平。更有趣和最吸引人的是"每月星图"是一套用荧光材料印制的特种星图，先用灯光对它照射片刻，图上的星点就能够在黑暗中发出亮光让人看见，因而可以直接与星空进行对照辨认星座，这是本书的一大特色。

　　《星海波影》还有一套"目视星等星图"，为了确定全天星图上的可见部分，图上不仅有在南向北方上确定恒显圈和恒隐圈的图解，还有在东西方向上确定恒星时的表解，据此可以在任何地区和时刻确定全天星图上的可见部分。

　　为了能透过肉眼直接观测所得到的恒星的天然色彩和目视亮度的表象，进一步了解恒星的内在本质，本书中的"绝对星等与光谱型星图"以七色星标表示了恒星的绝对星等及其光谱型的两项重要指标。将绝对星等与光谱型二者结合在一起绘成"绝对星等与光谱型星图"在国内外均属首创。"绝对星等与光谱型星图"上的恒星用希腊字母注明，与"目视星等星图"上的相对应。希腊字母用汉语拼音标注的是标准的希腊语读音。

《星海波影》特地提供了自己动手制作的拱极星座仪和南天星空仪的图纸，做成后可以动态地展示星空状态和进行看星测时。

所谓星座，其实是人们在观测星空时"因星生形"而想象出来的幻想图形。"因星生形"原本是划分星座的，后来更是设计星座想象图的基本原则。星座想象图的造型设计必须以星象的实际排列状态为依据，否则就失去了星座图形的灵魂，与其他的图形没有什么两样了。全天88星座，每座都有各自的星座想象图。古代传统的星座大多是希腊神话中的人和物，为了反映出古希腊文化的三昧，本书根据星座的神话和设置星座的史实进行了认真仔细的考证，按照实际星象，参照古希腊文物上的以及其他有关形象资料，遵循"因星生形"的设计原则，重新设计了所有88星座的想象图，自成一个独特的天文美术风格。在这里特别要感谢安琪、L.蕾和珊穆泰琪琪格从欧美各国给本书提供了一系列十分难得的天文神话名画，这才使本书得以成为一本艺术性非常突出的天文读物。

作为中国天文学的一个重要特点，星座的划分采用国际统一划定的全天88星座，而恒星名称则保持使用3千余年来陆续确定流传下来的古名，如天狼、老人、箕斗参昴。为了对中国星名的来龙去脉有所了解，"中国古代星官图"展示了中国古代星官主要部分的三垣、二十八宿等星官，它们也都有各自的星座形象。本书根据战国和秦汉文物资料绘画出四象图形，根据唐代铜镜纹饰绘出二十八宿形象，其余的牵牛、织女和北斗的形象则取材于汉代的画像石。这些都是迄今最早也最完美齐全的中国古代星官的形象图。

星空是宇宙无与伦比的天然之美，同时也展示着一个也许从未被意识到的崭新的辩证发展的宇宙形象。如果你在《星海波影》之中神游星空，遍访诸座之后，能够从原先的那个缀满明亮宝珠的苍穹的印象，进而领悟到所面对着的竟是一个无边无涯的太空深渊，群星列宿的点点星火原来一个个都是各种类型、极其庞大而炽热异常的天体，它们大多为单个存在，但也有不少是三五成群的双星和聚星，或千百集成星团，或亿万结为星系，各处在不同的天体演化阶段，有远有近，或疏或密地分布于上下四方，在杳无涯际的太空中疾驶运行，在无穷无尽的时间长河中发展演化，永无终结，那么，你对星空的认识便有了一个质的飞跃，已经在迈向宇宙的天梯上跨出了坚实的第一步。

目　录

苍龙图

一、一月星空

猎户斗金牛

一月的冬夜是寒冷而漫长的，但此刻的南天星空却是一年之中最明亮璀璨的。冬夜星空的主要象征性形象是"猎户斗金牛"，那就是星光和造型都极其华丽的猎户座、形象逼真的金牛座和紧随它们之后升起的明星冠军——天狼星。

荧光夜明星图
适于夜晚观看

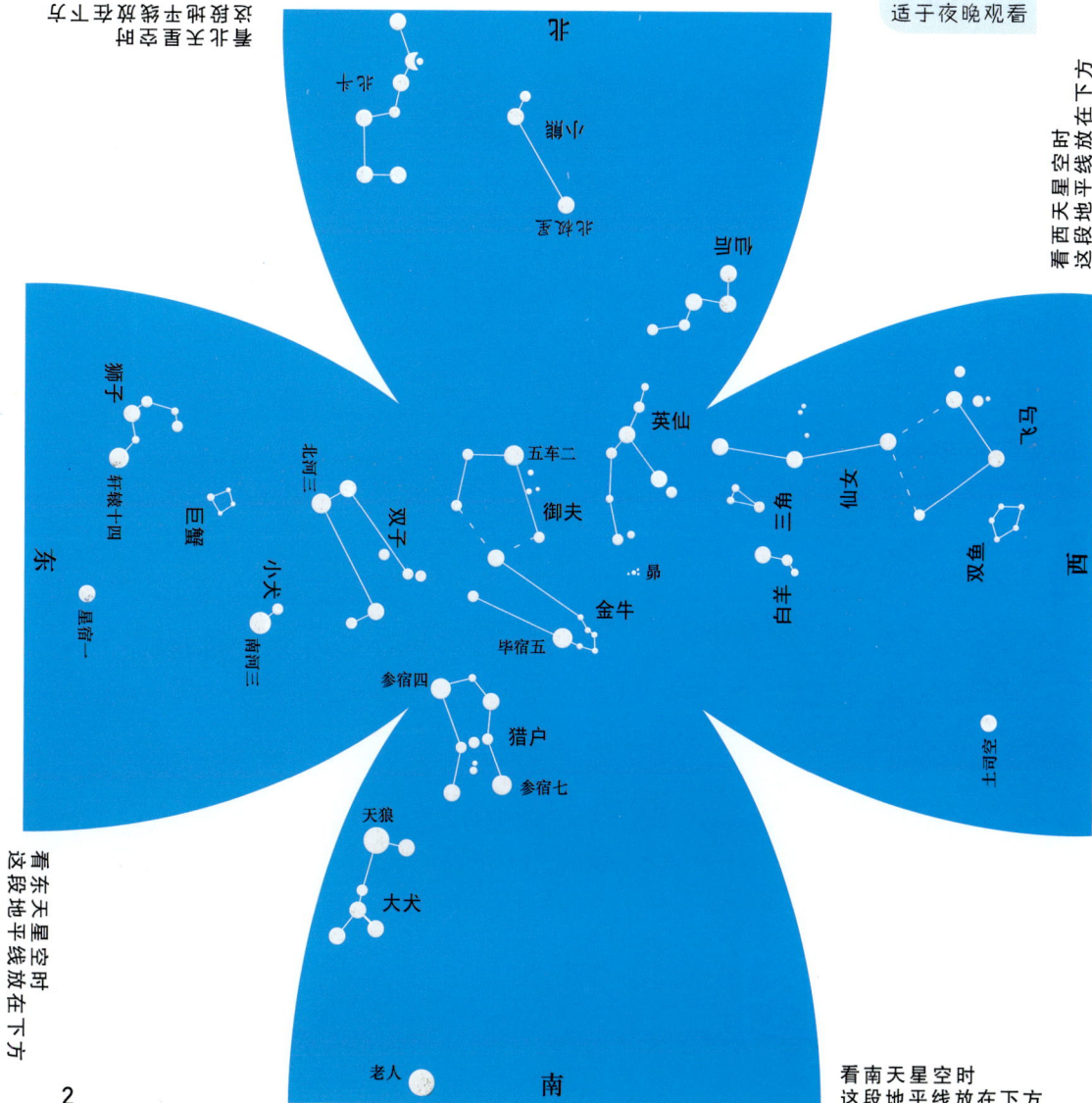

看西天星空时 这段地平线放在下方

看东天星空时 这段地平线放在下方

看南天星空时 这段地平线放在下方

1. 斗转星移

在一年之中，同样是夜幕初降，群星渐显的时分，每一个月出现在天空里的星座都是各不相同的。而在每一个整夜里，东方地平线上总是不断有星座一个接着一个升上天空，南方天空里所有的星星都在由东向西缓缓移动过去，西方低空里的星座则一个个相继下沉，没入了地平线。只有北方的北斗星和仙后座彻夜按逆时针方向环绕北极星运行不息。这就是一张众星拱北极星运转的轨迹照片。

众星拱北极

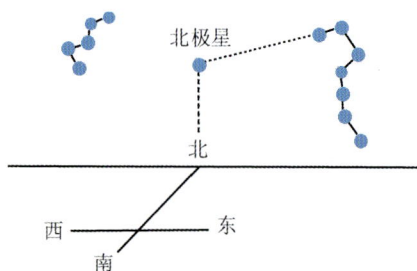

2. 确定正北方

在新年伊始的一月，西北方天空里仙后座正以它美妙的 M 形引人注目，并以它的中央尖角为人们指示着北极星的所在，而这时东北方的低空里著名的北斗七星也正在从地平线上缓缓升起。顺着北斗七星最上方的两颗星向左方看过去可以看到一颗同它一样亮的星，这就是北极星，它的名字叫勾陈一。面对着北极星，前面就是正北，背后是正南，左手是正西，右手是正东。

新年花环

3. 新年花环

以猎户座明亮的红星参宿四（shēn xiù sì）为中心，由罗列在它四方的大犬座的天狼、猎户座的参宿七、金牛座的毕宿五、御夫座的五车二、双子座的北河三和小犬座的南河三等七大明星，共同组成了一个十分巨大的而且是群星之中最灿烂辉煌的明星之环。每当它在冬夜天刚黑的时分，以大小二犬为后卫，以金牛座的昴（mǎo）星团七姊妹为前驱，放射着无比庄严宏伟的华彩，运行到正南方的时候，正是人间辞旧岁，迎新年的日子，因此叫做"新年花环"。

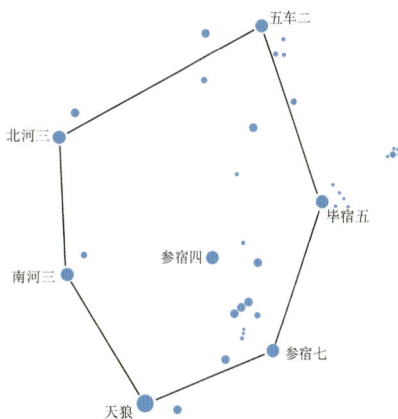

赤道天顶正中的新年花环

新年花环本身固然是星光灿烂，但如果这个大自然创造的天然图案再能够放到天空里的一个特殊的位置上来观赏，那肯定会进一步产生锦上添花的效果。在我国的南沙群岛和地球赤道地带上的新加坡、肯尼亚或巴西等地观察星空，就完全有机会看到这个新年花环正好运行到天穹中心，看到它的七大明星，加上只有在南方地区才能看到的水委一和老人星，一颗颗芒角四射，光华夺目，犹如一顶镶嵌着闪光宝石和明珠的华盖穹庐，高高在上笼罩大地，实在是令人惊心动魄，妙不可言的。

二、二月星空

在二月里，新年花环当然是南天星空的主体，花环上的参宿四与天狼星和南河三组成了一个很大的等边三角形，人称冬季大三角。

荧光夜明星图
适于夜晚观看

北

小熊

北极星

巨蟹

牛

五车二

御夫

昴

白羊

狮子

轩辕十四

巨蟹

双子

北河三

金牛

东 西

毕宿五

长蛇

星宿一

南河三

小犬

参宿四

猎户

参宿七

天狼

大犬

老人

南

看西天星空时
这段地平线放在下方

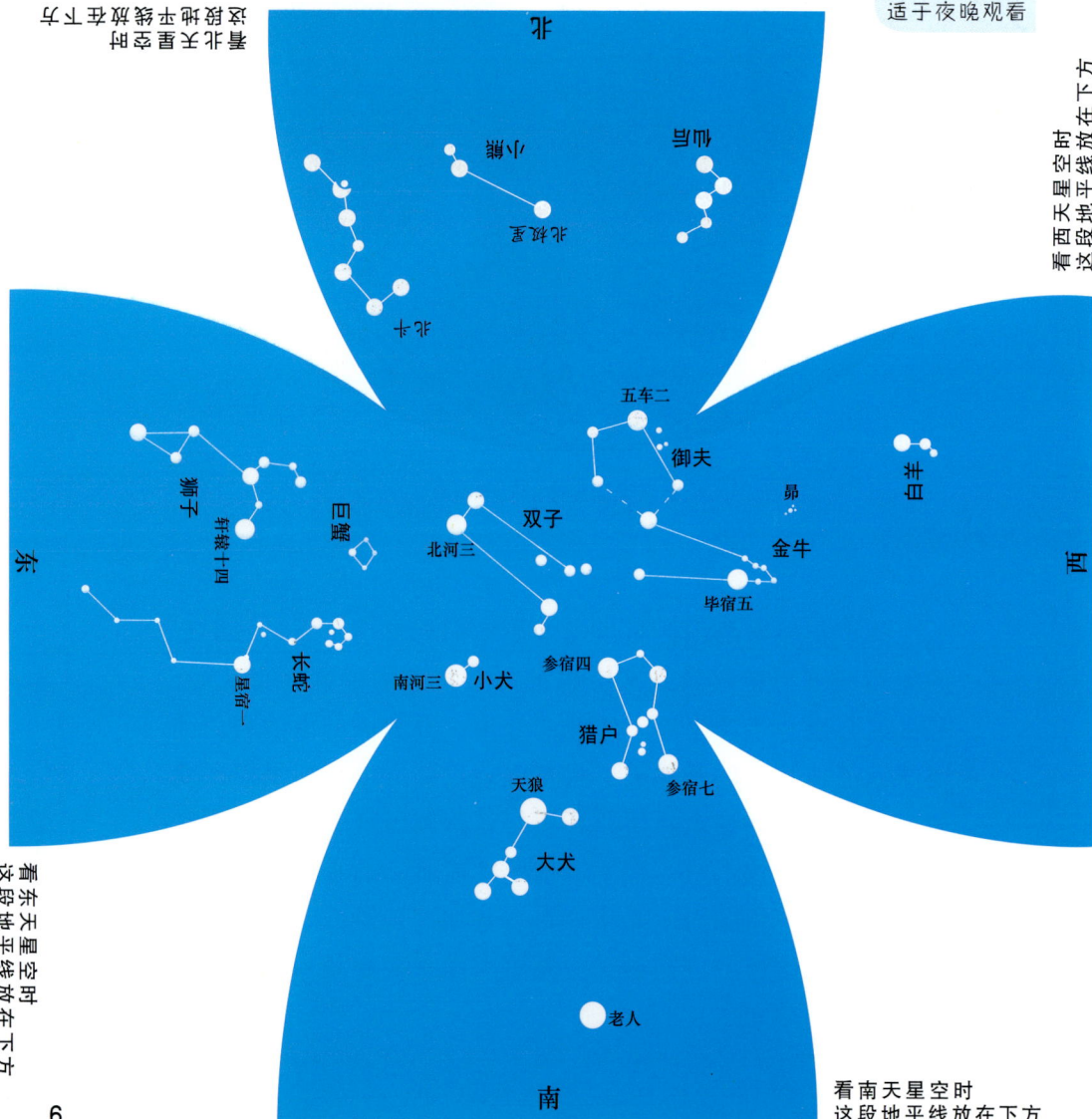

看东天星空时
这段地平线放在下方

看南天星空时
这段地平线放在下方

1. 斗柄北指，天下皆冬

在北方天空里，位置移得较高的北斗七星，斗身四星在上，斗柄三星在下，指向北方地平线，这就是古书上说的"斗柄北指，天下皆冬"的意思，意味着大地上正是隆冬季节。

斗柄北指，天下皆冬

对比一下一月和二月这两个月的星空，可以发现在二月里新年花环的位置已经向西移过去了一些，这是由于地球绕太阳的公转运动所引起的。我们人类在地球上随着地球一起转动，感觉不出地球在运动，却能发现太阳在星空背景上一个月又一个月在星座之间由西向东运行。当然，人们不可能直接看到太阳在星座的群星之间的位移，却可以看出，同样是在太阳没入西方地平线之后约2个小时的每天的同一个时刻，南天的星座一天又一天逐渐向西方偏移过去，原先在西方天空里的星座一天比一天移向西方的低空里，最后随着太阳一同降下地平线，而东方地平线上则出现了新的星座。北方天空里的北斗星已经移到了较高的位置上，仙后座则比上个月降低了一些。随着北斗的升高，东方天空里一个形象十分逼真的狮子座也随之跃上了天空。

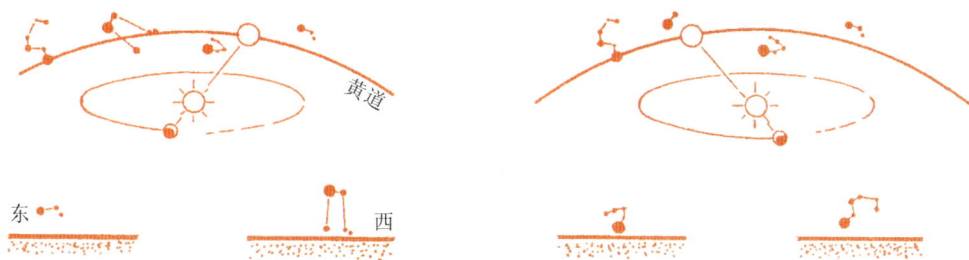

7

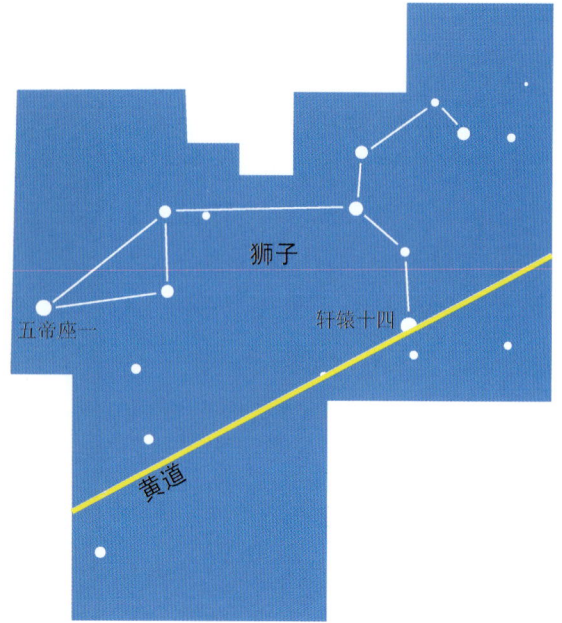

狮子座

2. 狮子座

　　狮子座是由一个排列成反向问号形状的 6 颗星组成的镰刀及其东边的一个直角三角形共同组成的，它是星象排列的形状最符合星座想象图形的星座之一，主要亮星是镰刀柄端的轩辕十四和三角形东端尖角上的五帝座一。镰刀 6 星是狮子的头，轩辕十四是它的心脏，五帝座一是狮子尾巴尖儿。由北斗一向北斗二方向往前看去就可以找到狮子座。人们认为古埃及的狮身人面像就是狮子座的造型。

极光中的狮子座镰刀

3. 南方的红凤凰——朱鸟

从狮子座的镰刀朝南边看过去，可以看到长蛇座的星宿一，它是长蛇的心脏，排成一字长蛇阵的长蛇座现在开始从东方升起。长蛇是希腊神话里的一条生有9个头或15个甚至100个脑袋的水蛇，蛇头昂起在轩辕十四与南河三这两颗星连线中点的下方，那里确实有好几颗星聚在一起，果然像是长蛇的许多脑袋，不过这时候长蛇的尾巴还远远地蜿蜒在东南方地平线以下。

长蛇座相当于中国古代星官四象中的朱鸟。朱鸟又称朱雀，意思是南方的红凤凰。

4. 老人星

在长江流域以南地区，二月里在天狼星下方接近地平线的南天低空里还可以看到一颗北方地区不能看到的亮星，它就是全天仅次于天狼的第二亮星老人，古书上有时也叫南极老人。其实，老人星离南天极还是很远的，只不过就黄河流域的中原地区而言也可算是很有"南极"的意思了，因为在那里，比老人星更偏南的星辰就不可能看到了。

三、三月星空

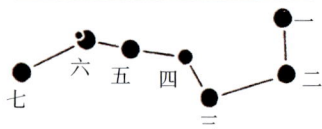

进入三月，北斗星就升得越来越高了。北斗的七颗星中，斗口上的一颗星为北斗一，然后顺次是北斗二、三、四、五和北斗六，斗柄末端的一颗星为北斗七。北斗一至四合称斗魁，北斗五至七合称斗杓（biāo）。

七　六　五　四　三　二　一

荧光夜明星图
适于夜晚观看

北

看西天星空时
这段地平线放在下方

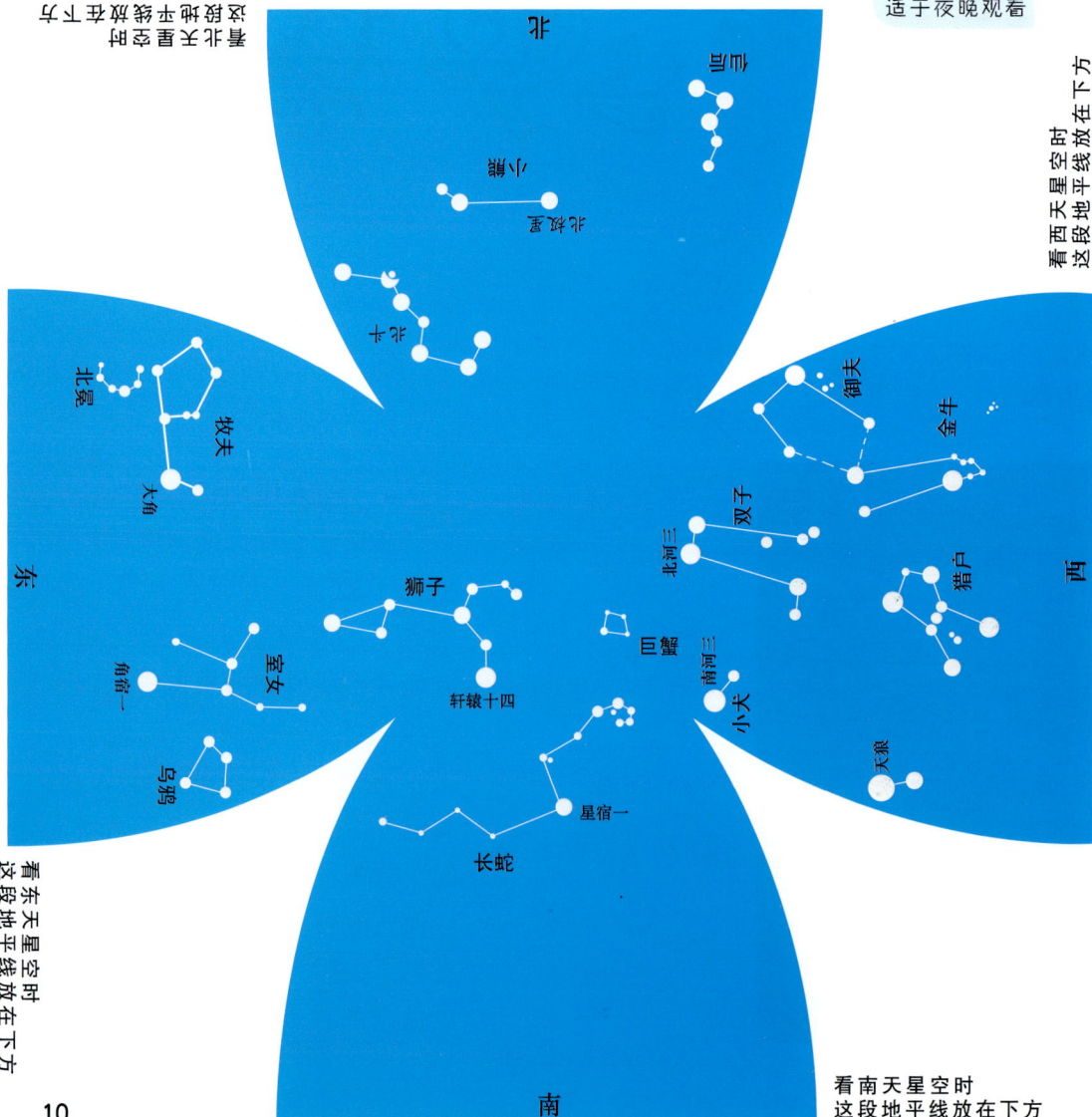

仙后

小熊
北极星

仙王

御夫

金牛

牧夫
大角
北冕

双子
北河三

猎户

狮子
轩辕十四

室女
角宿一

巨蟹

南河三
小犬

天狼

乌鸦

星宿一

长蛇

东

看东天星空时
这段地平线放在下方

西

南

看南天星空时
这段地平线放在下方

北斗七星各有一个奇特而神秘的名字：北斗一叫天枢，北斗二叫天璇，北斗三叫天玑，北斗四叫天权，北斗五叫玉衡，北斗六叫开阳，北斗七叫摇光。仔细观看北斗六，可以看到它的近旁有一粒小星，名叫辅星。这是一个双星，古人常以是否能看到辅星，来检测人的视力。

1. 冬季大三角和春季大三角

在年初的时候，仙后座在北方天空高处曾经以 M 形展示在人们面前。到了三四月以后，这个 M 形的仙后座却转到了北极星的下方变成了 W 形，因为位置太低，也就很难看到它了，但这时南方的天空里又出现了一个更大也更亮得多的 W 形图案。这个复合的 W 形以长蛇座的星宿一为中心，两端各有一个明亮的大三角形。西端是由猎户座的参宿四、大犬座的天狼和小犬座的南河三构成的冬季大三角，东端是由狮子座的轩辕十四、室女座的角宿一和牧夫座的大角所构成的春季大三角，它们都是 1 等以上的亮星。

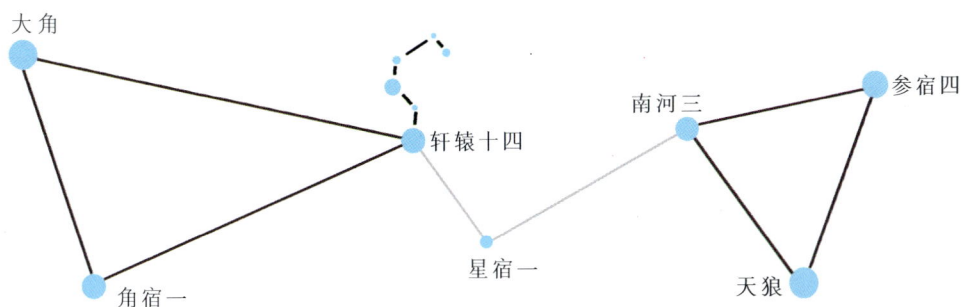

大角　轩辕十四　南河三　参宿四　星宿一　角宿一　天狼

牧夫座和北冕座

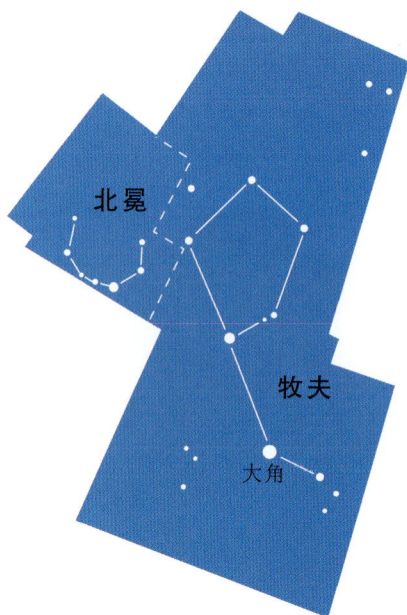

2．牧夫座和北冕座

顺着斗柄三星排成的弯弧向东北方地平线看去可以看到一颗非常明亮的橙黄色大星，这就是北天第一大明星牧夫座的大角。牧夫座的形状好像一只五边形的大风筝，大角好似风筝下面吊着的一盏明灯。它是希腊神话中奉天后赫拉之命来驱赶大熊的牧人，所以总是随在大熊之后升起，跟在大熊后面环绕北极星运行。

在牧夫座五边形的东边上，有一个半圆形的北冕座，它虽然很小也不是很亮，却十分引人注意。因为它的形象很逼真，的确像一顶边上镶着半圈珍珠，正中嵌着一颗大宝石的冠冕。北冕是希腊神话中酒神送给他的新娘的一顶金冠。

酒神给妻子戴上黄金冠冕

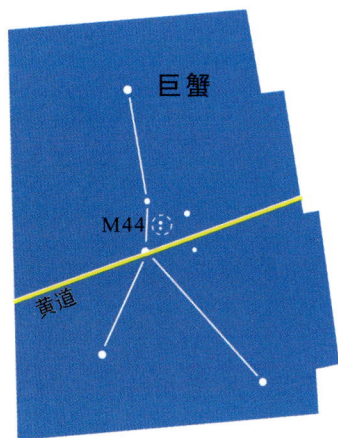

巨蟹座

3. 巨蟹座

在轩辕十四与北河三和南河三组成的三角形的中心，有一个很小的四边形位于轩辕十四与北河三这两颗星连线的中点上，黄道正好从这个小四边形里穿过，组成小四边形的 4 颗小星中最亮的一颗正好在黄道上。这个四边形虽然又小又暗，却是巨蟹座这个黄道星座的主体，也是黄道的标志星之一。在这个四边形里面肉眼可以看到很小一片模糊的光斑，它不是一颗星，而是一个由许多恒星组成的星团，它就是著名的巨蟹座蜂巢星团，也叫 M44 星团，由 200 多个恒星所组成。古代巴比伦传说讲这一块小光斑是一个小孔，叫做"人之门"，天上的灵魂就是从那儿降到地面上来投生为人的。蜂巢星团在天文学史上也起过一个重要的作用，以往人们总以为它是一片星际气体星云，直到伽利略第一次将他自制的天文望远镜指向这一片又小又模糊的光斑时才发现它原来是一群密集的恒星。由此，伽利略证明了宇宙间存在有更多肉眼所不能看清，甚至根本看不到的天体，从而批驳了古代亚里士多德关于"宇宙间的一切只是所看到的"这个错误的思想。

在希腊神话中，就在赫拉克勒斯与九头长蛇搏斗时，赫拉又派了一只海蟹来箝他的脚进行干扰，被他一脚踩扁了。赫拉后来虽然把这只蟹化成了巨蟹星座，但是因为它没有能完成干扰的任务，所以一颗亮星也没有给这个星座。

蜂巢星团

四、四月星空

斗柄东指，天下皆春

　　日落天黑以后，当北斗星显现在北极星的上方，斗杓指向东方，这便是它在告诉人们春天已经来到了北半球，古书上说的"斗柄东指，天下皆春"就是这个意思。

荧光夜明星图
适于夜晚观看

北

看北方星空时
这段地平线放在下方

看西天星空时
这段地平线放在下方

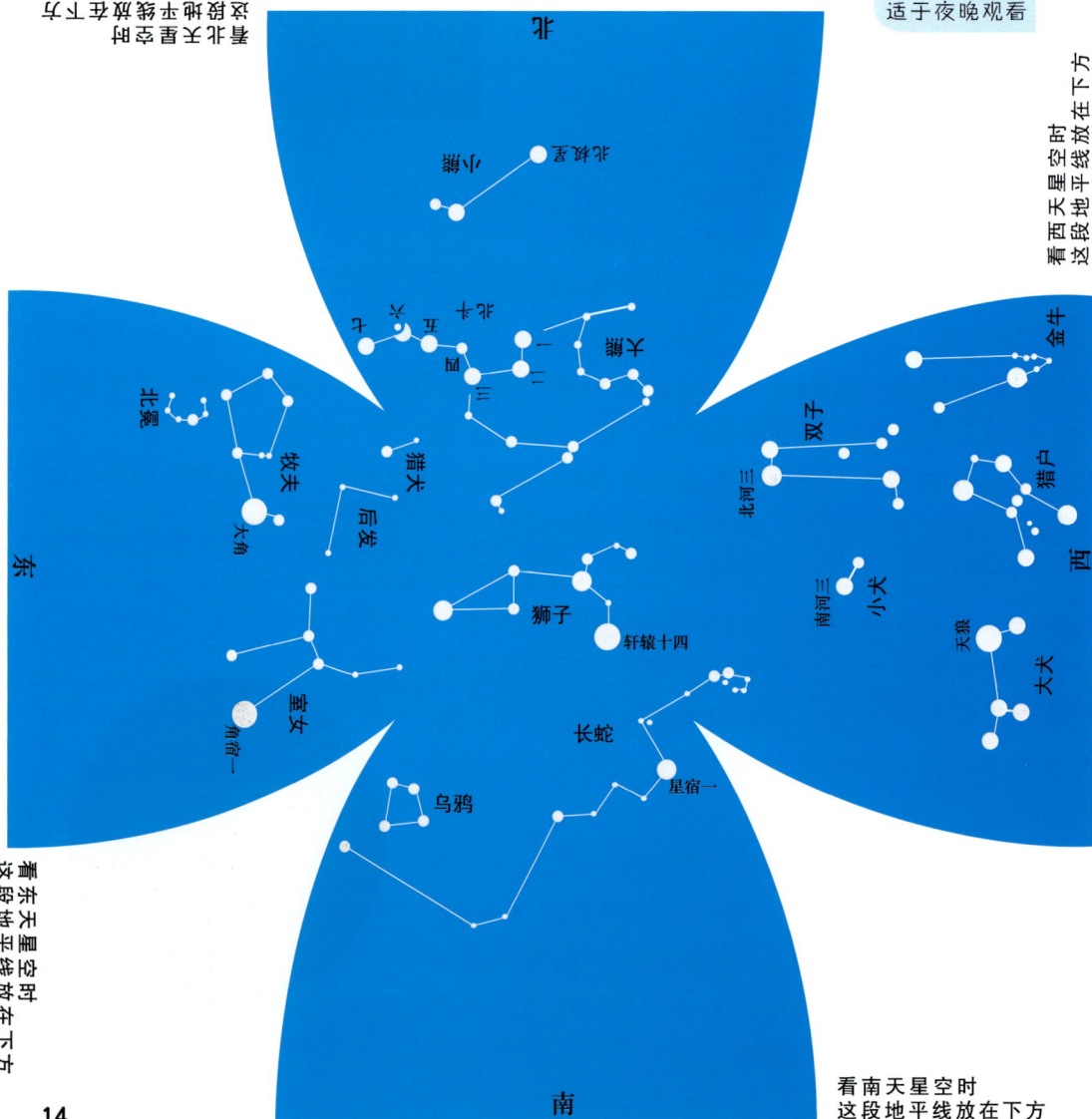

仙后

北极星

金牛

双子

狮子

牧夫

北冕

猎犬

后发

大角

北河三

猎户

南河三

小犬

西

天狼

大犬

室女

轩辕十四

角宿一

长蛇

乌鸦

星宿一

东

看东天星空时
这段地平线放在下方

南

看南天星空时
这段地平线放在下方

14

大熊座

北斗

大熊

1．大熊座

　　对于北斗星不少人还有个误解，以为北斗七星就是大熊星座。其实它们只是大熊座里最亮的几颗星，相当于大熊的尾部。整个大熊座的范围要大得多，它是由北斗的 7 颗星同它前方排成半圆的五六颗星，以及它们南边两两相近的三组小星所共同组成的。每年四月的晚上，北斗七星已经快接近北极星的垂直上方，整个大熊座也就基本上运行到了北半球人们的头顶上方，只是看起来总感到这时大熊是背朝下，脚朝上的。

2. 大熊座与小熊座的希腊神话

大熊和小熊本是母子俩。大熊原是阿耳卡狄亚公主卡利斯忒，遭到天后赫拉的妒恨，赫拉施法将她变成了一头熊。她的儿子长大后成为猎手，在一次打猎时险些误杀了被变为大熊的母亲，就在他正要刺杀这头熊的千钧一发之际，众神之王宙斯把他也变成了一头熊，才避免了一场惨剧。宙斯叫后来化为武仙星座的赫拉克勒斯把这大小两熊一起送到天上去，将它们化为星座，这就是大熊和小熊两个星座。由于赫拉克勒斯是拉着熊的尾巴把它们拖到天上去的，它们的尾巴在路上都被拉长了。怒气难消的赫拉后来又派了一个牧人带了两只猎犬去追逐它们，还下令海王不准许大熊和小熊下降到海里去沐浴休息。大熊和小熊只好通夜在天上围绕着小熊尾尖上的北极星旋转，逃避牧人和猎犬的追逐，不能降到海平面以下去。

3. 长蛇座

除了大熊座，四月份更是观看长蛇座的最佳时期。长蛇的心脏星宿一是春夜南天唯一较亮的星，所以被人叫做孤独者，这时它正好运行到正南方。长蛇的蛇头偏西，长长的蛇体蜿蜒在狮子和室女的下方，蛇尾一直伸到角宿一的东南边，整条蛇身横陈在这春夜的南天，让人一览无余。长蛇座是天空东西方向上最长的星座，长度占天球一周的四分之一以上，从蛇头升上天空到蛇尾脱离地平线大约要7个小时。

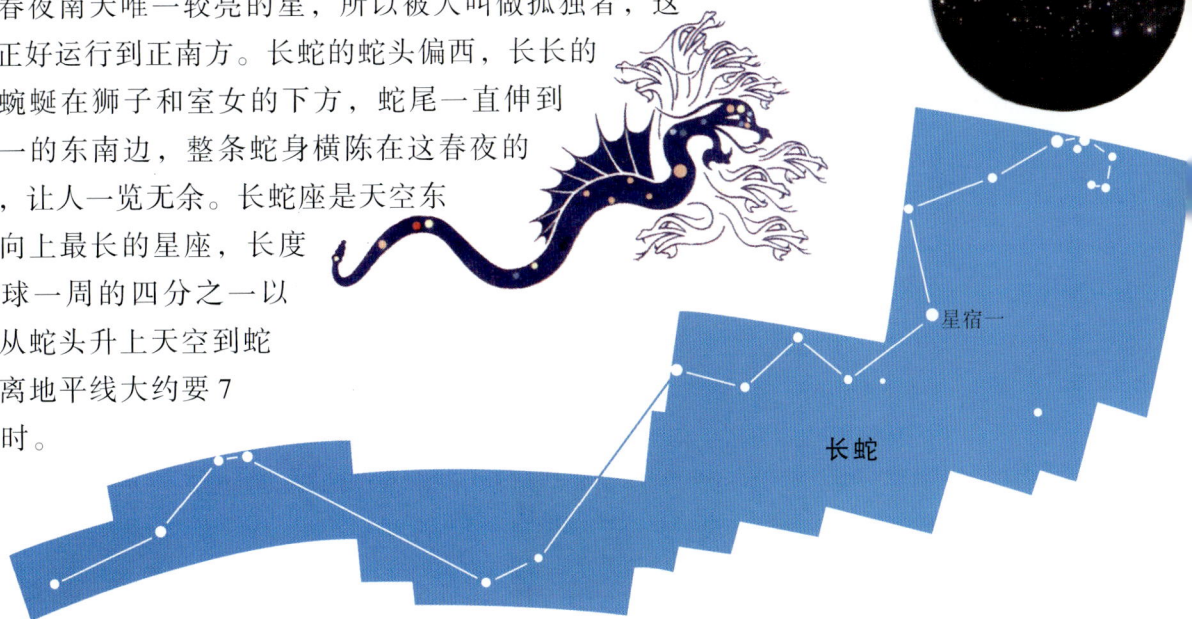

星宿一

长蛇

4. 双子座和小犬座

三个月前曾在冬夜盛极一时的新年花环众星如今已经移到了西方天空里，猎户座也就是白虎星此刻正好匍匐在西方地平线上。冬天晚上初升时倒立在东方地平线上的双子座兄弟这时恰好正立在西方天空里，似乎正在向大地作年度的话别，因为现在春意已浓，春已经深了。

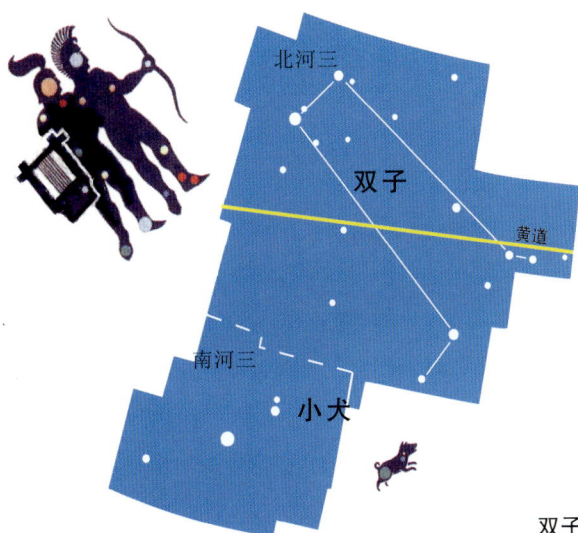

北河三

双子

黄道

南河三

小犬

双子座和小犬座

室女座和乌鸦座

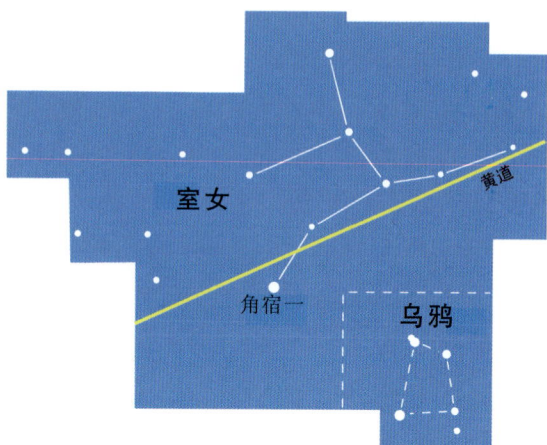

5．室女座和乌鸦座

当北斗星带着金黄色的亮星大角升上了东天的高空时，顺着从斗杓三星指向大角的弯弧继续向南看去，可以看到一颗青白色的亮星，这是室女座的角宿一。角宿一是室女手里拿着的一根麦穗。室女座其他的星都只有中等亮度，排列的形状像一个向左反写的"上"字，角宿一就在下面一横的左端，它的右下方有一个歪斜的四方形乌鸦座可以帮助人们确认角宿一，这个四方形民间叫它帐子星。在中国古代的星官系统中，角宿是二十八宿的第一宿，乌鸦座便是最末尾第 28 位的轸宿。二十八个宿原来是前后相接，环天球一周的。

说起大角和角宿一，在中国古代的星座形象中很早就有一条龙，有龙必有角，象征天上神龙的两支长角的星辰就是大角和角宿一。因为上方金黄色的一颗更为明亮突出，故名大角，而下方青白色的一颗则是二十八宿中居于首位的角宿的第一星，故名角宿一。

春天晚上，角宿一、轩辕十四和大角三大明星组成了春季大三角。与此同时，明亮的角宿一和大角与较暗的狮子座的五帝座一和猎犬座的常陈一这四颗星共同组成的一个巨大的菱形，便是春夜星空另一个范围更大的特征，因为它的主体在室女座，所以叫室女座金刚石。

珀耳塞福涅

伊西斯

伊希塔尔

珀耳塞福涅从冥土返回人间扑向她的母亲

6. 室女座的希腊神话

室女座是一个非常古老的星座，每年太阳运行到这个星座时大地上正好到了收获的金秋季节。自古以来，人们大多把它看做是母神或主神的妻子，如巴比伦的战争与爱情的女神伊希塔尔和古埃及的生命与健康的神后伊西斯。

在希腊神话里，这个星座是农产女神得墨忒耳的女儿，司草木和丰产的女神珀耳塞福涅。有一天珀耳塞福涅在野外采花时，土地突然裂开，冥王哈得斯驾着黑马拉的黄金马车从地下冲了出来将她劫持了去，强立为幽黑冥国的王后。后来，因为冥王哄她吃了几粒冥土的石榴籽儿，所以她在一年中得有五六个月留在地下，其余的六七个月才能回到人间世界来。每当珀耳塞福涅回到地面上来的时候，大地上万物复苏，生机蓬勃，就是春天和夏天；当她回到地下去时，世上就成了草木枯萎的深秋和雪飘冰封的寒冬。这个神话的情节与室女座在春夏两季晚上出现在天上，深秋和寒冬沉入地下的天象很符合，所以完全是由这个天象启发出来的。

珀耳塞福涅被劫

冥王哄她吃石榴

误食冥土石榴

五、五月星空

这是距今约6500年前用蚌壳排列的北斗、龙（苍龙，天蝎）和虎（白虎，猎户）的星座图形，发现于黄河流域的河南。

荧光夜明星图
适于夜晚观看

北

东

西

南

织女一
天琴

北冕

牧夫
大角

心宿二

北斗

猎犬

后发

室女

角宿一

乌鸦

狮子

轩辕十四

星宿一

双子

小犬

北河三

南河三

看西天星空时
这段地平线放在下方

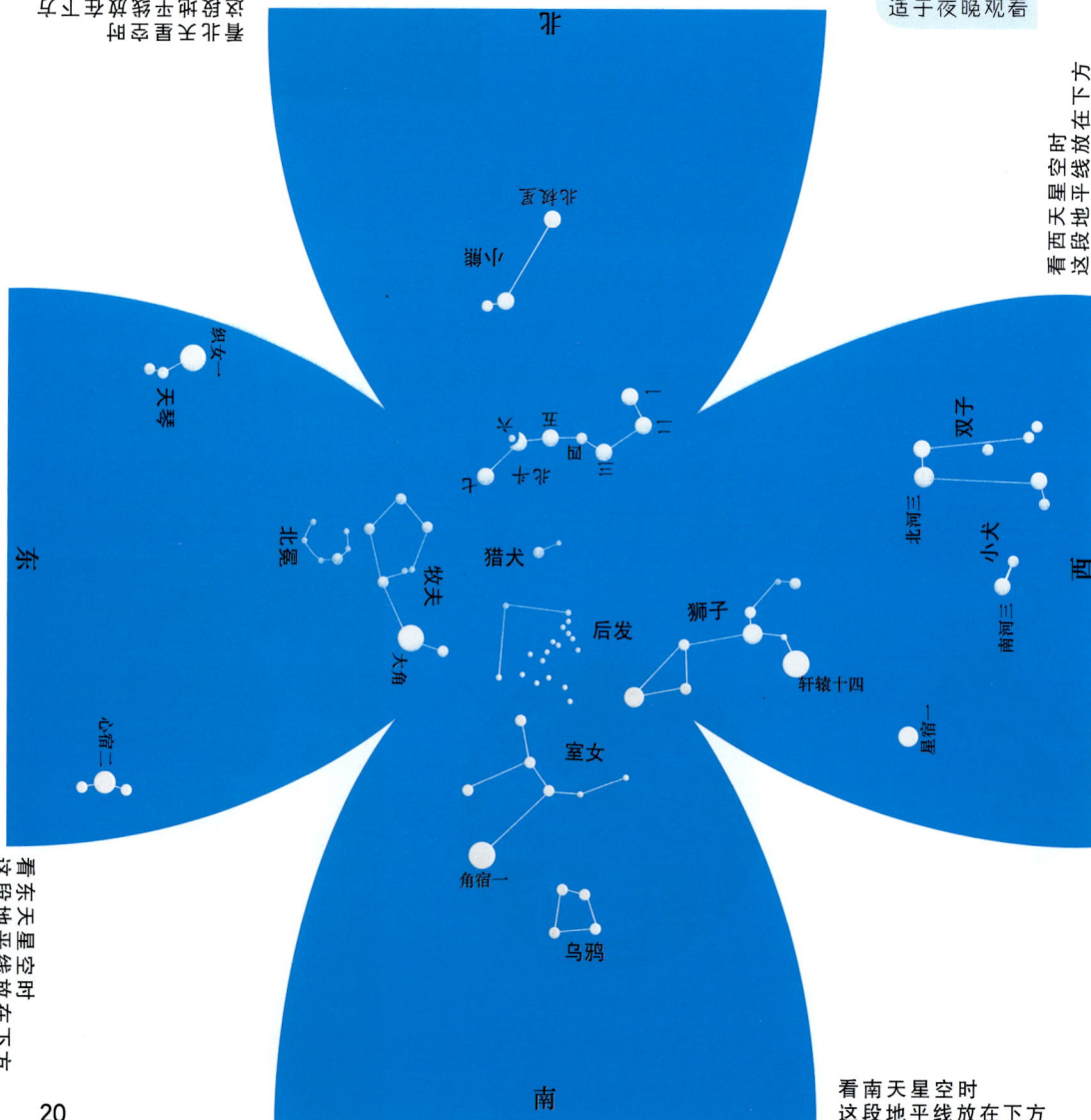

看东天星空时
这段地平线放在下方

看南天星空时
这段地平线放在下方

20

御夫一

轩辕十四

狮子

人御

北斗 七

北斗 一

北极星

参宿四

＋ 夏至

猎户

参宿七

仙后

＋ 冬至

天蝎

人马

飞马

春分 ＋

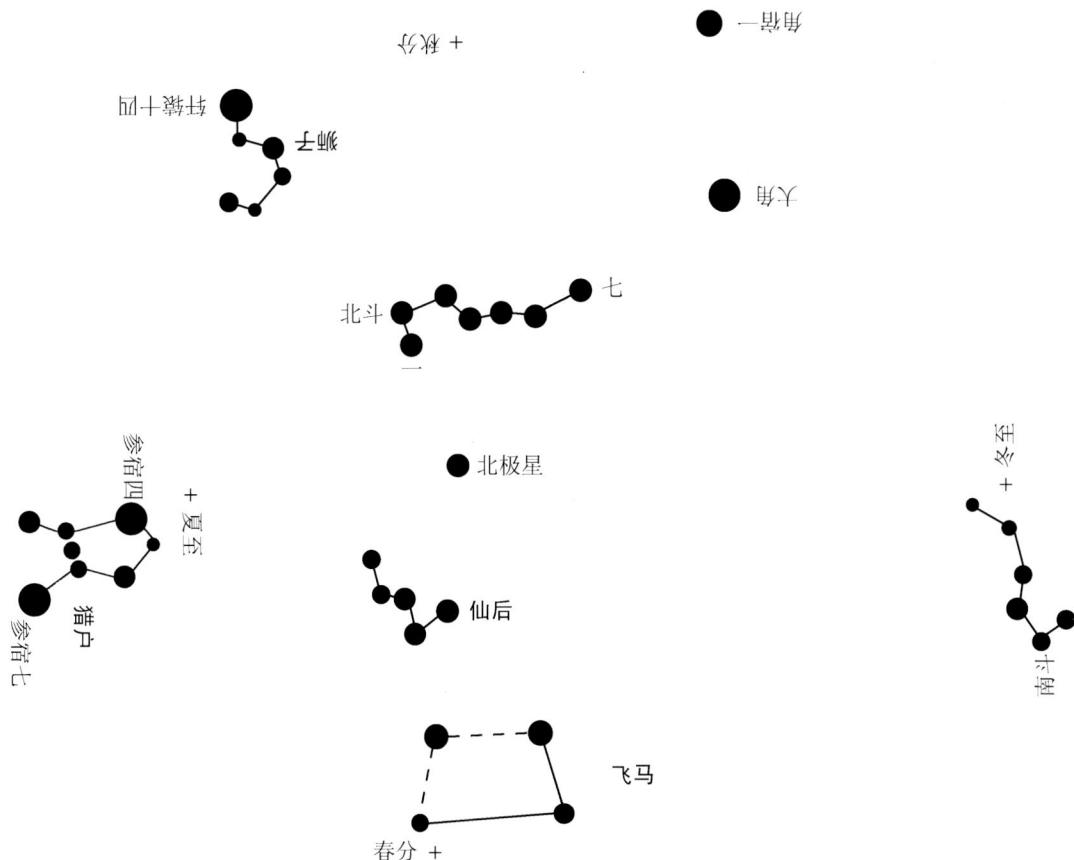

1. 北斗星在巡天中的作用

北斗星对于巡天观星能起到一个很大的作用，我们可以根据它来确定星座和天球坐标中最重要的春秋二分点和冬夏二至点此刻正在哪个方向的天空里：①从北斗二向北斗一指向北极星，继续向前便是秋夜的仙后座、飞马座和春分点所在的方向；②从北斗一向北斗二再往前是春夜的狮子座，顺着斗杓三星向斗柄末端看去是大角和角宿一，角宿一与轩辕十四连线的中点便是秋分点；③从斗杓向斗魁方向往前是冬夜以猎户座为中心的新年花环七大明星和夏至点；④由斗魁向斗杓方向是夏夜的天蝎、人马和冬至点。因此，你只要将本书向上举起，让图上的北斗斗柄同天上的北斗斗柄三星指向相同的方向，马上就可以知道哪些星座在什么方向的天空里，就立刻能够明白全天星象大势，对整个天球此时此刻的态势便了然于心中。

东汉风格的北斗星座想象图。北斗星君手托星斝，乘着北斗七星构成的北斗帝车巡视天下

猎犬座和后发座

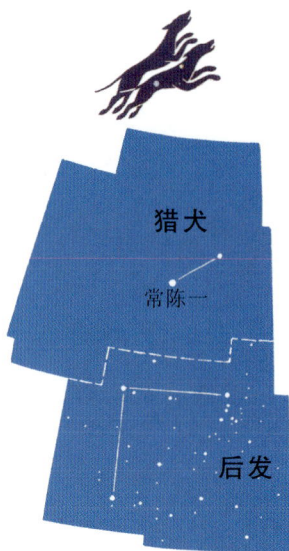

2. 猎犬座和后发座

从北斗一向北斗三看过去，可以看到室女座金刚石上的常陈一。找到了常陈一，现在可以找一找非常暗淡却美妙非常，很值得仔细一看的后发座。常陈一与狮子座尾部的三角形之间的那一部分天空里，那儿没有一颗稍微亮一些的星星，但细细看去，却有一大群如同钻进了一束头发丝里的萤火虫似的发出微弱光亮的小星星，这儿就是后发座。传说这是一位古埃及法老王后的美发所化成的。后发座的微光小星正好位于室女座金刚石的中心，可以说是室女座金刚石上的一宝了。

3. 后发座的古埃及传说

传说公元前 3 世纪中叶，古埃及法老王后贝勒耐希斯有一头美发，她为了感谢上苍保佑她的丈夫托勒密三世法老远征凯旋，剪下了她的一束青丝供奉在爱神庙里。可是这珍贵无比的美发在当天夜里竟不见了，法老大怒，正要将神庙里的守卫处死，钦天监康依指着星空里一片微光说，是爱神和神王将王后的美发移到天上化成了星座，让普天下的人们都能欣赏到。

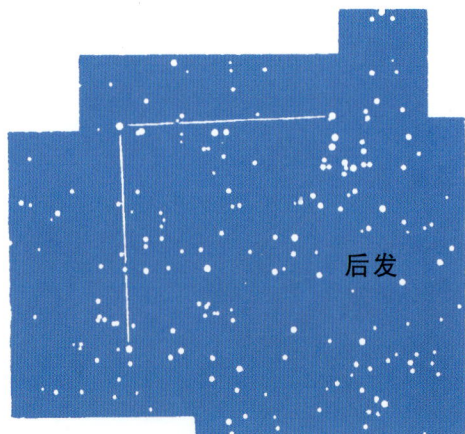

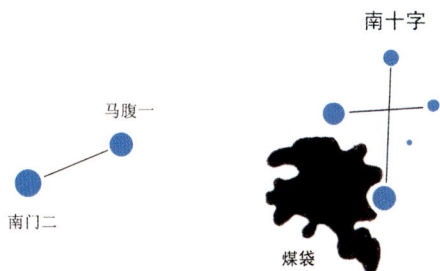

银河中的煤袋

4. 南十字座

如果在广东、广西和海南地区，在南方五月的夜空里不仅能看到银河最亮的一段，看到浓密而且明亮的银河星雾中漆黑的"煤袋"和将银河分隔为两股的暗带，更可以看到比新年花环上的众星靠得更近，在北方地区看不到的一系列美妙星象。那里有三个与乌鸦座差不多同样大小的菱形：南十字、假南十字和南船钻石，还有比双子座的北河双星靠得更近的南门双星：半人马座的南门二和马腹一。这两颗星与南十字座4星中的十字架二和十字架三，银河中的这四颗0等以上的亮星靠得特别的近，它们紧紧相邻，镶嵌在明亮的银河上，使这里成了全天仅有的头等亮星最密集的天区，景象的美妙实在令人难以忘怀。

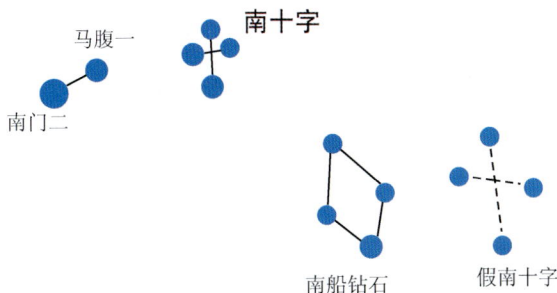

23

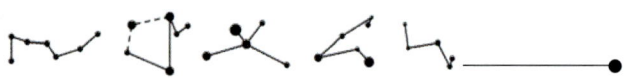

六、六月星空

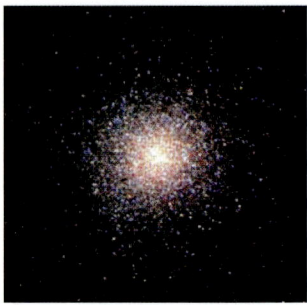

M13 球状星团

武仙座最著名的天体是 M13 球状星团,它的位置就在武仙座大蝴蝶的北边一只翅膀的前边缘上。在晴好的夜空里,凭肉眼可以勉强地看到它。M13 星团的年龄估计有 100 亿年,至少有 100 万个恒星聚集在一起,整个星团的范围的直径约 350 光年,中央最密集处直径约 100 光年,距离我们太阳系约 25000 光年。

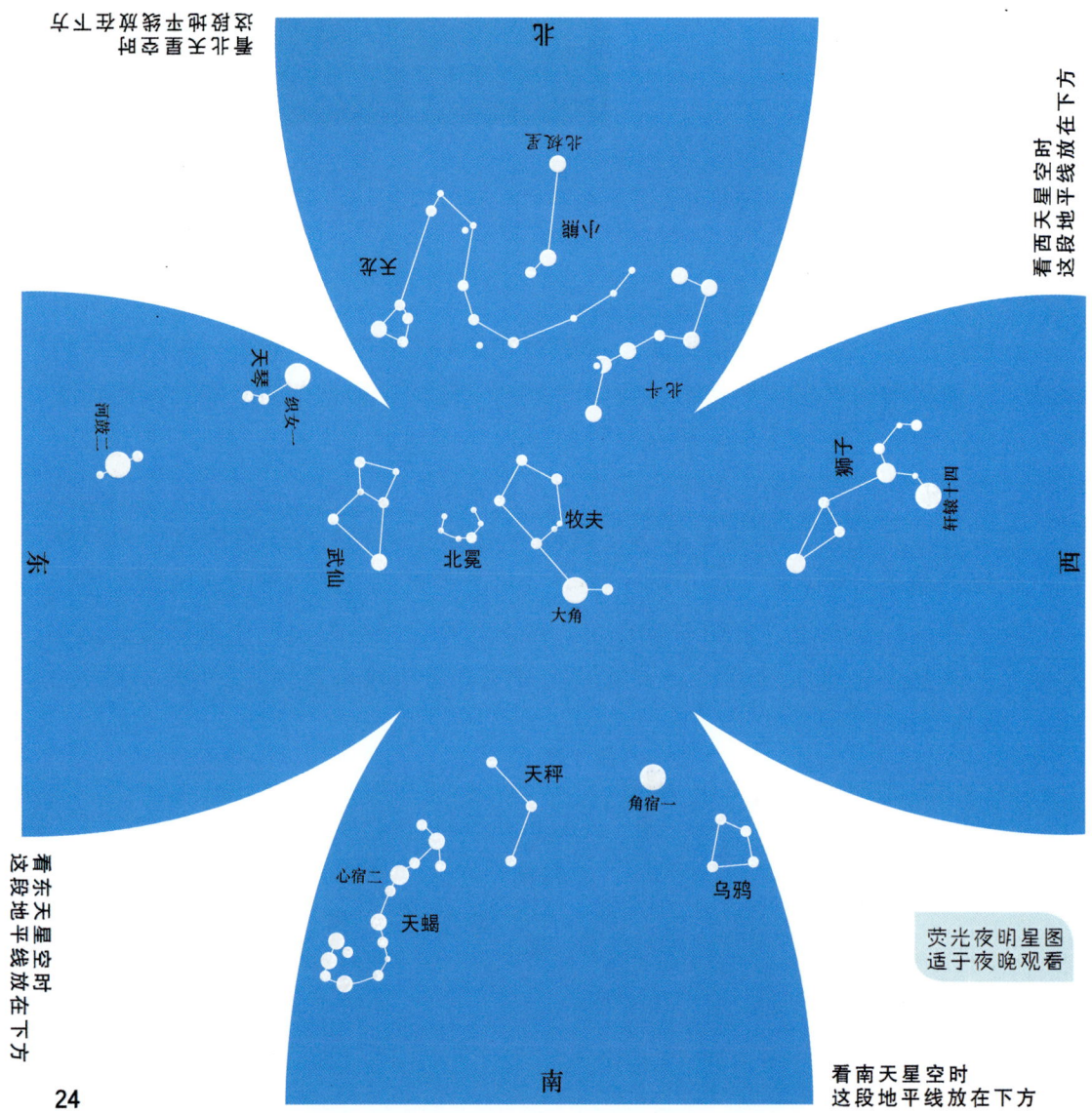

北

看西天星空时
这段地平线放在下方

北极星

小熊

天龙

仙后

牛郎

织女一

天琴

河鼓二

东

武仙

北冕

牧夫

狮子

轩辕十四

西

大角

天秤

角宿一

心宿二

天蝎

乌鸦

荧光夜明星图
适于夜晚观看

看东天星空时
这段地平线放在下方

南

看南天星空时
这段地平线放在下方

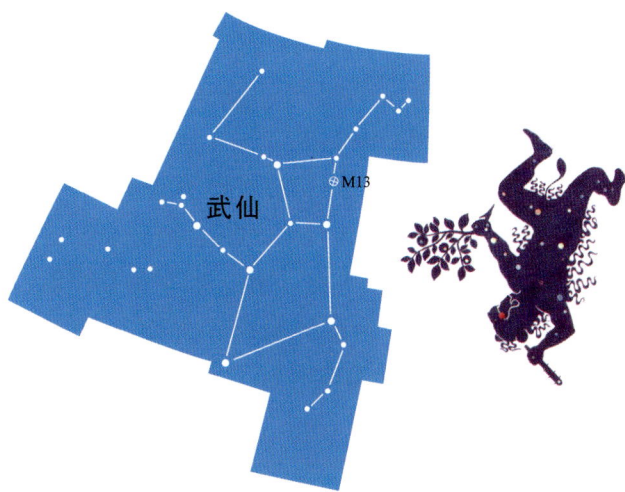

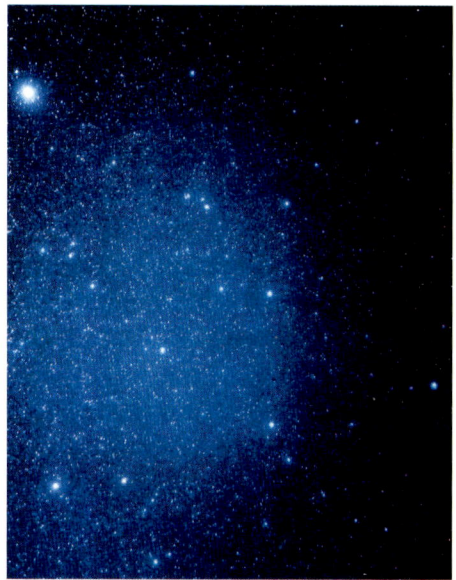

武仙座

1. 武仙座

　　武仙座是一个星象排列很逼真，但星星都不太亮的星座。它刚从地平线上升起时形状像一只展开双翅的大蝴蝶，整体升到高空以后确实像是一个巨人的形象，头在南，脚在北，倒立在天空里，一手举棒，一手握着金苹果树枝指向织女星，一足单跪，另一只脚就踩在天龙的头上。

2. 武仙座的希腊神话

　　在希腊神话中武仙也是宙斯的儿子，名叫赫拉克勒斯，赫拉给小赫拉克勒斯哺乳时，四溅的乳汁淌到天空里成了一条"乳水之路"，就是星空里的银河。赫拉克勒斯长大后，因为完成了十二大功绩而成为名闻天下的大英雄，其中的两件就是以神力扼死了刀枪不入的猛狮和设法杀死了蛇头越砍越多的九头蛇，并踩扁了奉赫拉的命令来和他作对的一只巨蟹。赫拉克勒斯还曾经代替巨人阿特拉斯扛起天球，让阿特拉斯为他到西极的圣园去取金苹果。

阿特拉斯

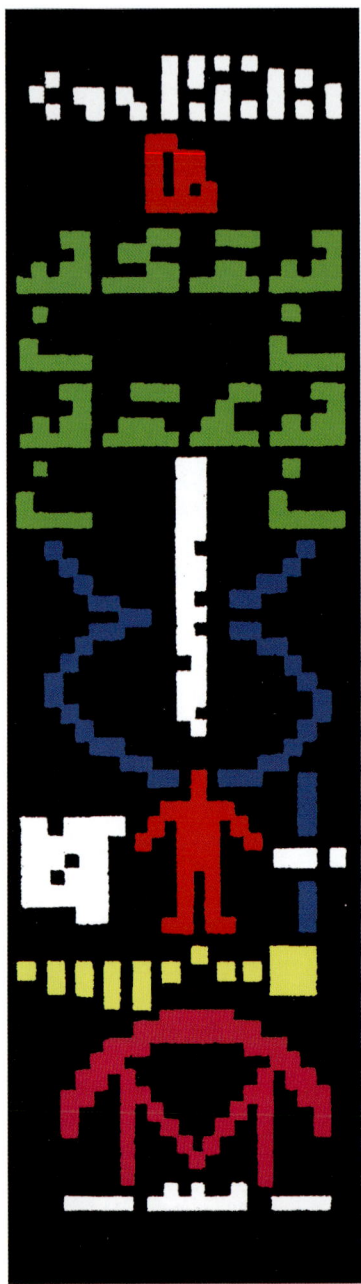

1974 年 11 月 16 日，人们在地球上向武仙座的 M13 星团方向发出了一件长 3 分钟的宇宙电报，用二进制数码向可能存在的外星智慧生物表述了数学和生物学、太阳和大行星、地球和地球人的有关信息。希望在 M13 星团的 100 万个恒星中，也许有一两个行星上生存着同我们近似的智慧生物，能在 25000 年后接收到这个电报，并且希望在再一个 25000 年后，我们的子孙后代也许能收到外星人发回地球的信息。

被武仙赫拉克勒斯制服了的狮子、九头蛇和巨蟹就是狮子座、长蛇座和巨蟹座

3. 小熊座和天龙座

在北斗星与北极星之间有两颗同它们差不多亮的星，好像是在护卫着北极星，所以叫护极星。两千年前，人们曾经把其中较亮的一颗名叫帝星的认作他们的北极星，因为当时地球自转轴的北极一端正好指向着这颗星，普天群星都环绕它运行。北极星和护极星是小熊座三颗较亮的星，在它们周围排成一圈的就是中国古代星官中的紫微星，也就是天上的紫禁皇城，相当于天龙座。

小熊座

勾陈一

护极星

小熊

天龙

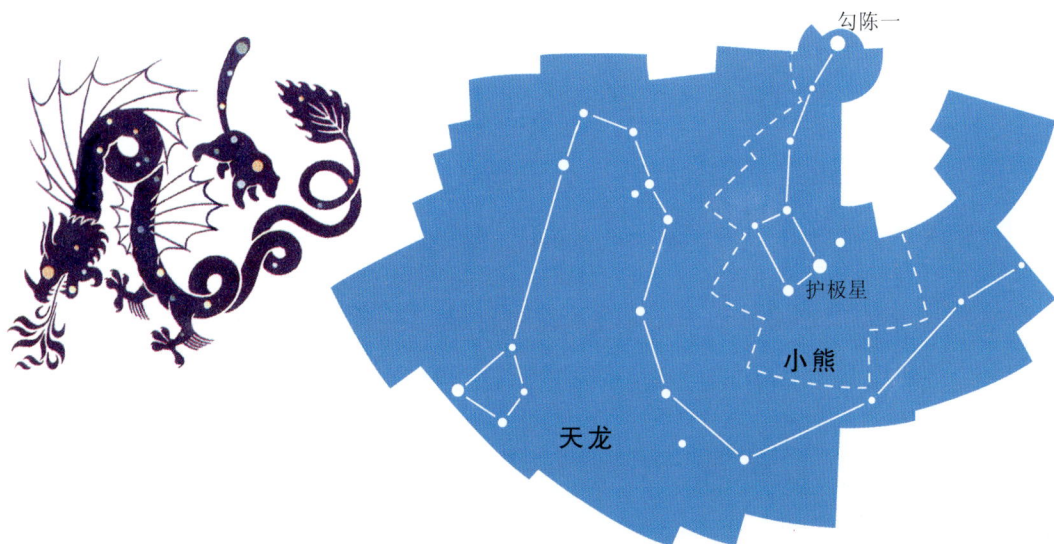

宙斯与赫拉结婚时大地女神该娅送给他们的一棵苹果树，结出的金苹果吃了可以使人长生不老，由一条永不入眠的百首火龙守护着，这条口喷烈焰的百首火龙就是天龙座。天龙座是星象排列的形象最逼真的不多几个星座之一，龙身扭曲盘旋于小熊座周围，龙尾一直延伸到北斗那里，龙头四星高昂，明亮的龙眼凝视着将成为未来的北极星的织女一，也就是织女星。

七、七月星空

北斗

炎热的七月是北斗"斗柄南指，天下皆夏"的季节，天黑以后，北斗显现在日没方向偏右的高空里，斗魁四星在下，斗杓三星在上，遥指南天。

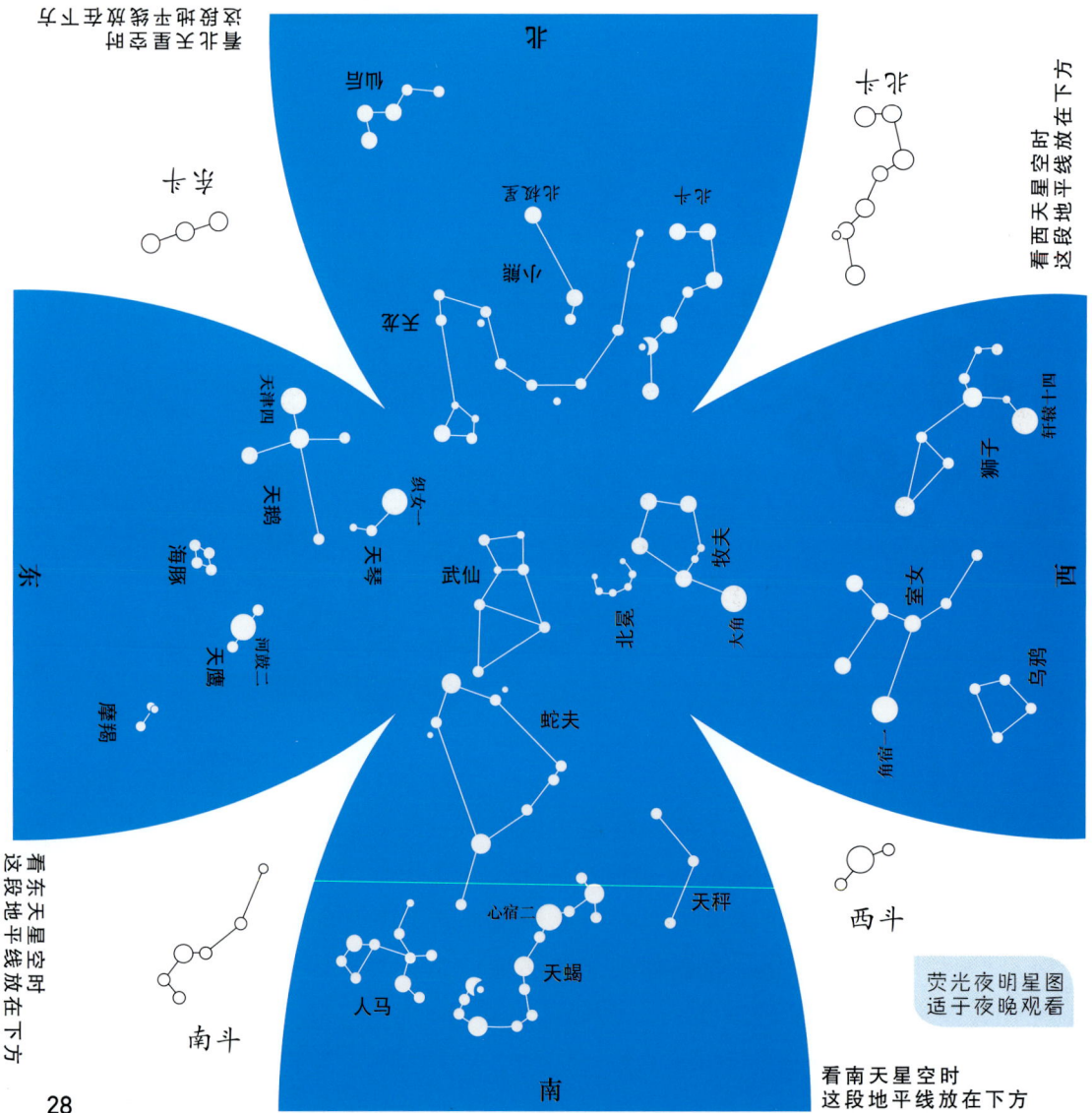

荧光夜明星图
适于夜晚观看

看南天星空时
这段地平线放在下方

东斗

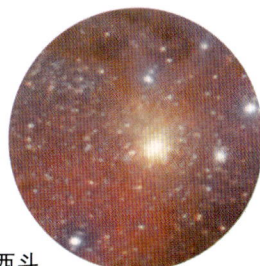

西斗

1. 中国古代的四方四斗星

在中国古代的星官系统中，肯定载入文献的有北斗和南斗，但在民间传说中除了南北二斗还有东斗和西斗。人马座东部的 6 颗星正好排成一个与北斗相似的水斗形，就是南斗星。东斗、西斗各有三颗星，东斗三星就是猎户座的腰带三星，中国古称参星，因为它是二十八宿中的参宿的三颗星。西斗三星是天蝎座的心宿二及其前后各一颗小星，也就是二十八宿中的心宿三星，又称商星，民间又叫它灯草星。因为猎户座与天蝎座在天球上的位置一个在东，一个在西，二者正好遥遥相对，因而总是一个升起，另一个降下，不会同时出现在天空里。杜甫就曾写下"人生不相见，动如参与商"的诗句。

南斗

2. 东斗与西斗的希腊神话

在希腊神话中，猎户俄里翁夸口天下无敌，地母该娅为了给他一个教训，便命令天蝎去蜇他，猎户被蜇伤后虽然打死了天蝎，但也中毒而死，因此猎户与天蝎彼此为仇，被化为星座后在天空里总是此升彼降，相互追逐。不过夏天晚上虽然看不到东斗星，要等到黎明之前西斗星降落后它才从东方升起，但是在天刚黑的时候却可以同时看到北斗、南斗和西斗三个斗星。

3. 蛇夫座与巨蛇座

夏天的晚上，在天蝎座的北边有一个蛇夫座，它的形状是一个长大的五边形。蛇夫座最大的特点是它虽然不是黄道星座，却是黄道十二星座之外的第十三个为黄道所穿越的星座，每年太阳在

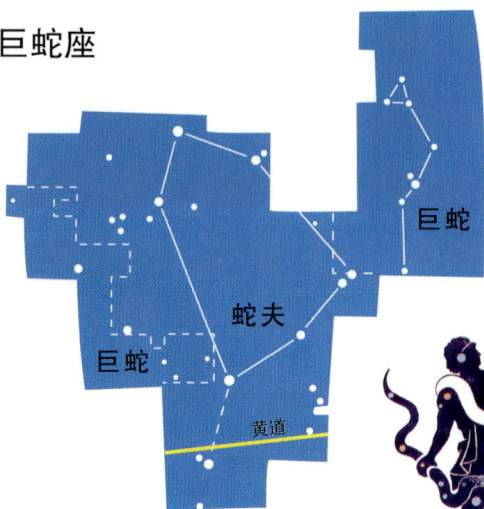

阿斯克勒庇俄斯

走出天蝎座以后先进入蛇夫座，然后再从蛇夫座进入人马座。太阳在蛇夫座中要运行20天左右，待的日子比在天蝎座的七八天长得多。

阿斯克勒庇俄斯是太阳神阿波罗的儿子，手持一条巨蛇作为行医的标志。他的医术高超，能起死回生，冥王对他非常嫉恨，宙斯助纣为虐，竟把自己的孙子用雷矢殛死。阿波罗痛失爱子，在阿斯克勒庇俄斯化为星座之后，作为阿波罗原身的太阳每年都要进入这个星座以表示怀念。

由于造型的原因，蛇夫所握持的一条蛇后来又被划分出来，成为独立的巨蛇星座。因为蛇头在蛇夫西边，蛇尾在蛇夫东边，所以巨蛇座便成了全天唯一的一个中间不相连，被蛇夫座一分为二的星座。三角形的蛇头在北冕座的南边，伸向扁担星的蛇尾在蛇夫座的东边。巨蛇座的蛇尾部分有一个飞鹰星云，形状十分逼真，这里是孕育形成新的恒星的温床。

飞鹰星云

蛇夫座虽然是一个不太容易被认出来的星座，却被人们视为三个大人物的形象。在美索不达米亚的星座和神话中，武仙座是超人吉尔伽美什的形象，蛇夫座则是他的对手，后来又成了他的莫逆之交的恩启都的形象。在星空里，吉尔伽美什和恩启都这两个星座头靠着头，两个人头上的两颗星前者叫帝座，后者叫侯，侯星比帝座亮一些。人们还认为这个星座也是希腊神话中率领阿耳戈船远航黑海觅取金羊毛的大英雄伊阿宋的形象。就如同天鹰座既是为宙斯执掌雷矢的神鹰，也是宙斯本人变的一只老鹰，它把一个凡间的美少年带上奥林帕斯山去为诸神侍酒；而天鹅座既是西格纳斯，又是天琴手俄耳甫斯，甚至是宙斯本人的化身一样。

吉尔伽美什

伊阿宋

4. 天秤座

天秤座是一个黄道星座，它较亮的两颗星当中，下方的一颗星同狮子座的轩辕十四一样紧贴在黄道上，所以也是黄道的标志星之一，上方的一颗星则是全天唯一的一颗绿色的恒星，尽管不太容易被看出十分明显的绿色，但是很值得仔细观察辨别一下。虽然粗粗一看，满天星斗都是黄白色的，但也有少数恒星有着红、橙、蓝、白等其他颜色，而绿色的恒星却只有天秤座的这一颗，名叫氐宿四。在历史上，天秤座的这两颗星曾经是它东边的天蝎的两只螯，后来人们发现当太阳运行到这一部分星空里的时候，正好是一年中昼夜长短平分的日子，联想到天平，就把这部分星空独立出来定为天秤星座。

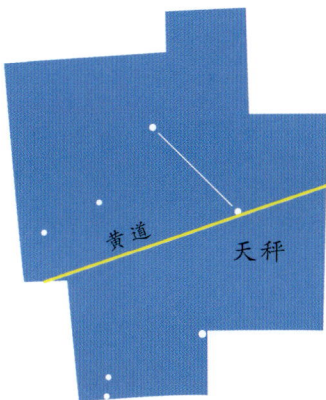

黄道　天秤

天秤座

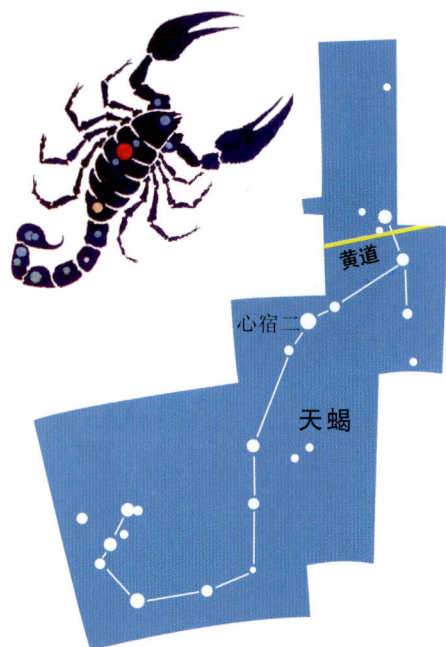

心宿二

黄道

天蝎

汉石刻

汉瓦当

天蝎座

巴比伦的蝎尾人马

6500 年前的蚌龙

周代铜雕

古埃及图

巴比伦石雕图

5. 天蝎座

在夏夜的南天星空里，人们的目光一定会被正南方 S 形的天蝎座所吸引。天蝎座的星象排列确实非常像一只卷起尾钩的巨大的蝎子，形象十分逼真。S 形下方末端靠得很近的两颗星是天蝎尾巴上的毒钩，民间叫它车水星，传说是姑嫂俩在银河边上车水。在中国古代星官中，天蝎座正好相当于苍龙星，此刻这条巨龙横飞南天，明亮的红星心宿二是苍龙的心脏，大角和角宿一这两颗亮星作为它的龙角指向西方，好像在催促西方低空里的狮子座快去迎接东来的太阳。

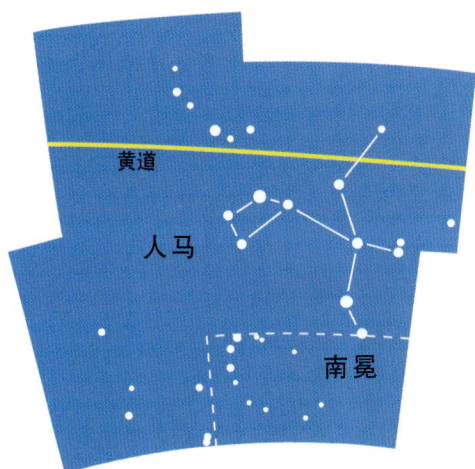

人马座和南冕座

6. 人马座和南冕座

　　天蝎座升高以后，接着升起的是位于天蝎尾钩左上方的人马座，它的形状像是带着两枚叶片的一枝小花。如果将组成两枚叶片的 5 颗星连起来看成是一张弓，便是人马座的主要特征。人马座的形象是希腊神话中一个挽弓射箭的半人半马的神话动物。在古代巴比伦，这个星座被想象成一个骑马射箭的战神；在古埃及，它的形象是一个狮首射手，都是由这个弓形的星象想象出来的。这张弓的东南方有一个暗星排成的小椭圆，这就是与北冕座相对应的南冕座，它是为了表彰半人马以放弃自己的永生为交换条件去解救普罗米修斯而奖给他的一顶桂冠。

银心方向的银河

星系侧面

星系正面

7. 银河

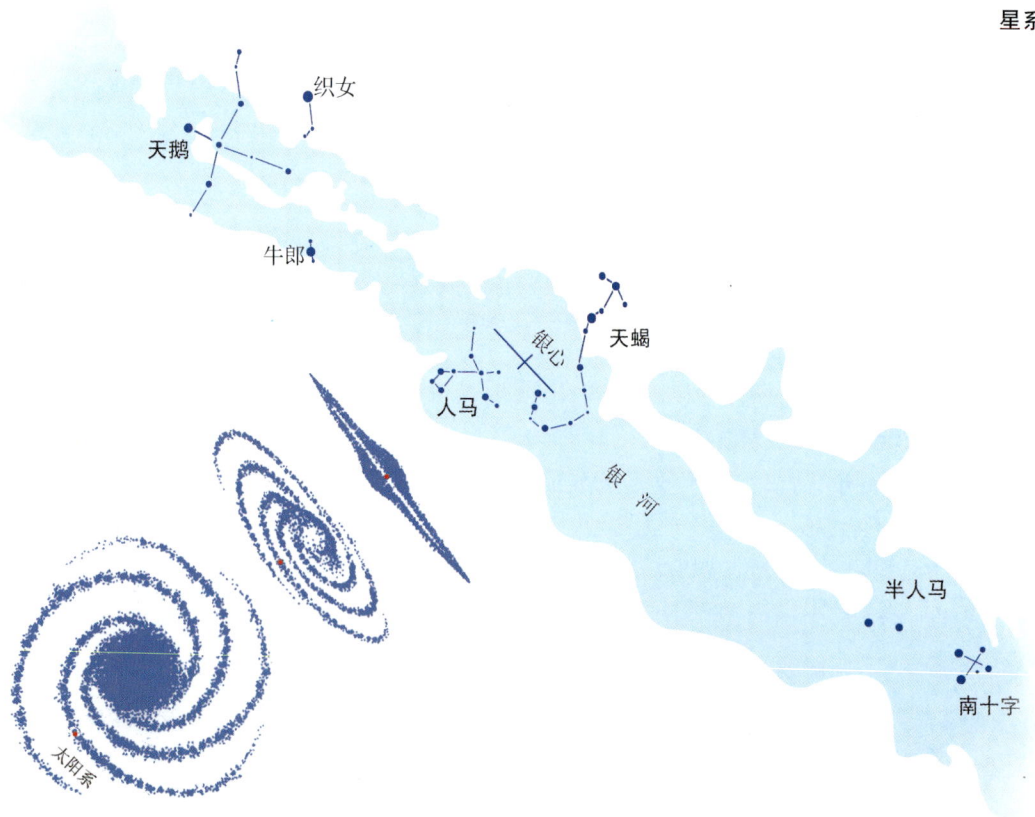

织女

天鹅

牛郎

银心

天蝎

人马

银 河

半人马

南十字

太阳系

在西方，人们称银河为"乳水之路"，这是因为希腊神话说银河是天后赫拉给幼小的赫拉克勒斯哺乳时，乳汁溅射到天空里变成的。夏天的晚上，从天蝎的尾钩左上方经过牛郎星和织女星之间这一条线上，可以看到有一道微星密集的明亮光带横贯天空，这就是银河了。以人马座为中点，向北延伸到天琴、天鹰和天鹅座，向南经天蝎直至南方地区才能看到的半人马和南十字，这一大段正是银河星雾最浓密明亮的部分，因为银河系的核心部分正好就位于天蝎与人马相接的方向。银河系的直径约 15 万光年，中心部分的厚度约 2 万光年。随着地球自转而斗转星移，到了天明以前，银河便转成由西北流向东南。太阳系是银河系的一个成员，它位于扁平的银河系的基本平面内，所以我们所看到的银河就成了环天一周的一个大圈。

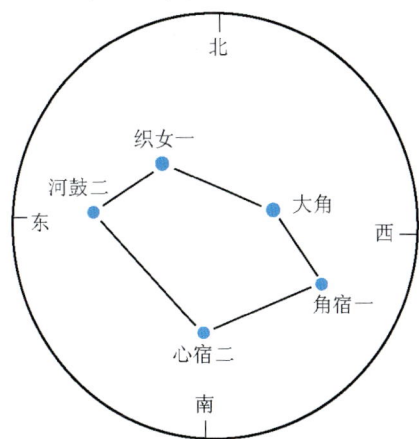

8."仲夏夜之梦"

每当心宿二运行到正南方时，它同西天的大角和角宿一、东天的牛郎星和织女星共同构成了一个十分巨大而且明亮的五边形，笼罩在大地之上，陪伴着人们纳凉消暑，人们亲切地称它为"仲夏夜之梦"。

八、八月星空

汉代的牛郎和织女
画像石刻

"银烛秋光冷画屏，轻罗小扇扑流萤。天阶夜色凉如水，坐看牵牛织女星。"这是杜牧的一首吟咏牛郎织女的小诗《秋夕》，颇为人们知晓和喜爱。另外还有一首刘禹锡的《浪淘沙》把黄河同天上的银河以及牵牛星、织女星联系了起来："九曲黄河万里沙，浪淘风簸自天涯。如今直上银河去，同到牵牛织女家。"简直就是一首科学幻想诗了。

看西天星空时
这段地平线放在下方

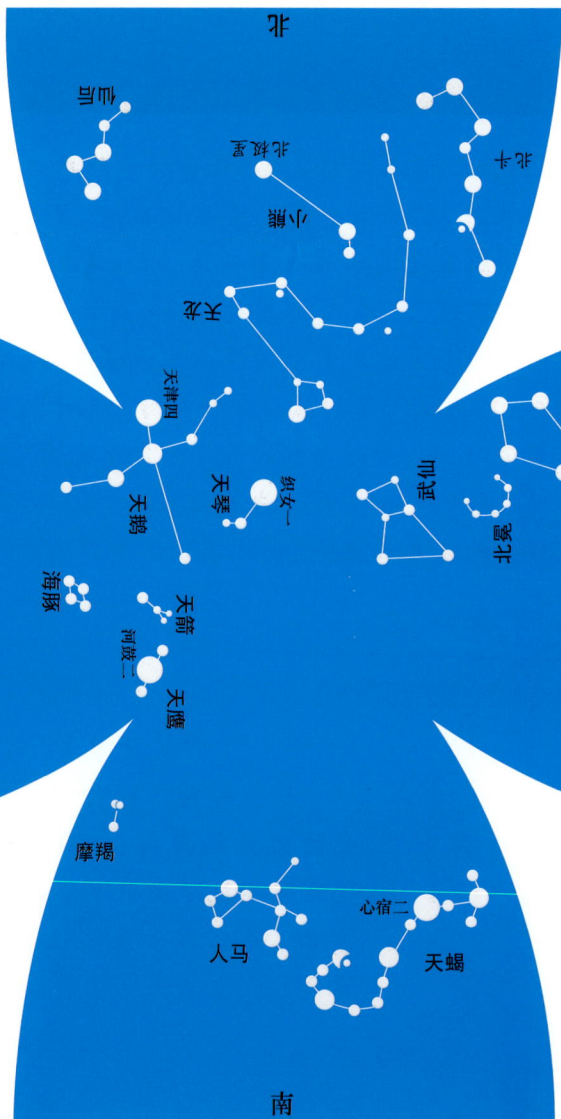

看东天星空时
这段地平线放在下方

荧光夜明星图
适于夜晚观看

看南天星空时
这段地平线放在下方

1. 牛郎星与织女星

"七月初七牛郎织女鹊桥相会"这个神话里的织女星是天琴座的织女一；牛郎星也叫牵牛星，就是天鹰座的河鼓二；为他们俩召集普天下的喜鹊在银河上驾起鹊桥的喜鹊星就是天鹅座的天津四，它们共同组成了一个巨大的直角三角形，这就是极有名的夏季大三角。尽管看起来织女星是三角形上最亮的一颗星，其实真正最明亮的是天津四，因为它远在 3228 光年之外，织女星离我们只有 25 光年。

夏季大三角

在下面这张全天星空照片上，你能辨认出沿银河分布的牛郎星、织女星和喜鹊星，还有仙后座和它前方的北极星、护极星，它后方的飞马仙女四方形和仙女座三星吗？你也许还能认出织女星右边的蝴蝶形的武仙座、半圆形的北冕座和包围在小熊座周围的天龙座。在介绍了秋夜星空后再回过头来看这张照片时，一定还能在图的下方找到摩羯、宝瓶、双鱼和白羊等黄道星座和南天亮星北落师门和土司空，甚至辨认出仙女座大星云来。

天琴座

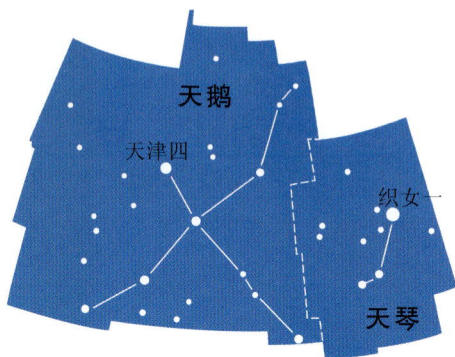
天鹅
天津四
织女一
天琴

天鹰座

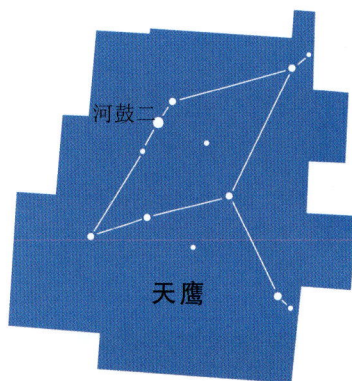
河鼓二
天鹰

　　在牛郎织女的神话中，织女被西王母逼迫返回天上。临别时，她给牛郎留下了她织造云锦用的金梭作为纪念，这个梭子就是牛郎星河鼓二东边不远处的一个小小菱形的海豚座，也就是梭子星。牛郎用扁担挑起一子一女追上天去，河鼓二同它上下各一颗小星就是牛郎本人和他挑在肩上的两个孩子。这三颗星民间叫做扁担星，又叫石头星，同天蝎座里的灯草星是兄弟俩。两兄弟过银河时，石头星已经到了河东，灯草星却因为他挑的灯草被河上的大风所阻挡，所以至今还是阻留在河西没能过河。扁担星是天鹰座的主要星象，天鹰是作为众神之王的雷电之神宙斯驾前的一只神鹰，为他执掌雷矢并且帮着他一同作战打雷。顺着扁担星向北引一根线，正好直指明亮的织女星。

天鹅座

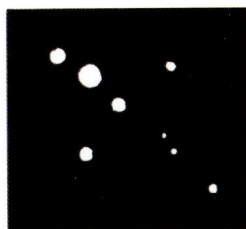

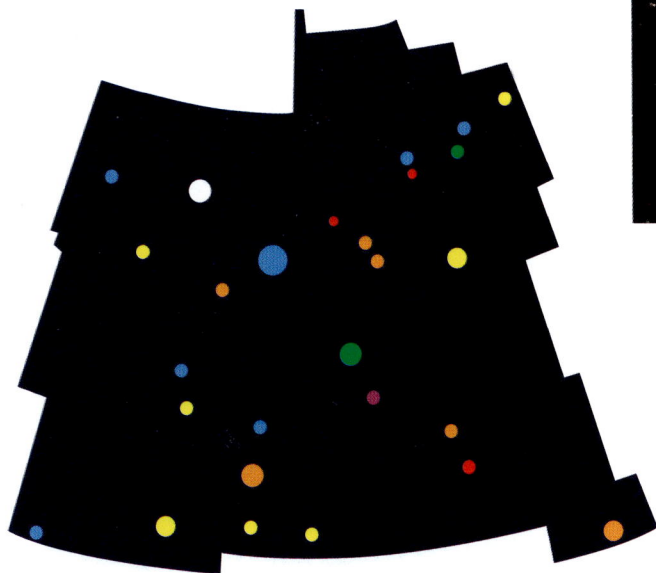

1975 年天鹅座新星

照片正中心的一颗亮星
是 1975 年天鹅座新星

2. 发现天鹅座新星

　　1975 年夏天在天鹅座里曾经出现过一颗新星，接连三天夜里肉眼可以直接看到它，最亮时几乎同北极星一样亮，三天之后亮度减暗就看不到它了。新星是一种老年的恒星发生了爆炸，这样的天体爆炸在漫长悠久的宇宙年代中当然是陆续发生的，可是在人类有限历史的岁月中却极为罕见。由于事先不会有任何征兆，所以谁也不可能知道什么时候，会有一颗原先肉眼根本不能看到的暗星突然变得很亮，出现在天空里一个什么位置上。只有对星空非常熟悉而且是经常巡视星空的人，才有可能在密密麻麻的数千繁星之中发现多出来了一颗星星。

　　1975 年 8 月 31 日，本书作者就是在以肉眼目视观察作经常性的巡天看星时，极其偶然地看到在天鹅座的天津四近旁多出来了一颗星，便立即查阅星图进行辨认，在星图上的同一个位置上并没有这样亮度的恒星，意识到它可能是一颗新星，立即向紫金山天文台报告了这个独立的发现。紫金山天文台随后复函确认发现的是一颗新星。有幸发现天鹅座新星，这实在是大自然颁给的一个极其罕有机会获取的珍稀无比的"新星大奖"。

3. 天鹅座的希腊神话

太阳神阿波罗的儿子法厄同为了向同伴炫耀自己是太阳神的儿子，缠住阿波罗要让他独自驾御太阳车在天空里驰骋一天，可是他实在没有控制拉车烈马的能力。拉太阳车的四匹烈马一旦上了天，法厄同根本不能控制它们，它们拉着烈火熊熊的太阳车很快就越出了黄道，在天空里时高时低地乱奔起来。太阳车在逼近地面时太阳的烈火将地面烤成了沙漠，在远离地面时地面上又冻成了冰天雪地。宙斯为了制止这场大祸就向他发射了雷矢，法厄同被雷矢击中起火燃烧成为流星，陨落到波江星座里，而银河就是太阳车失控后乱闯时留下的马蹄和车轮的痕迹，它果然远远偏离了黄道。法厄同有一个挚友叫西格纳斯，一再潜下河里去搜寻法厄同的遗体，阿波罗就将他变成了一只天鹅，让他飞翔在银河上继续寻找，这只天鹅就是银河上的天鹅星座，因为也有传说法厄同是陨落到天上的银河里的。

天鹅星座也是宙斯的化身之一，他与海女勒达相爱，从她分娩的天鹅蛋里跳出了波吕丢克斯——双子座的亮星北河三

勒达与宙斯的化身天鹅

俄耳甫斯弹奏天琴

心灵手巧的赫耳墨斯用两支羊角插进一只空的龟壳里，然后绷上羊肠线作琴弦做成了一张弹拨琴。阿波罗把它要来给了自己的儿子俄耳甫斯弹奏。俄耳甫斯是一位天才的琴手，参加了阿耳戈船前往黑海觅取金羊毛的远航。每当遇到风暴，他就用这张琴弹奏出神奇的乐曲使风暴平息下来。他还同阿特拉斯一同进入圣园，用迷人的琴声哄睡了守护金苹果树的从不合眼入眠的百首火龙，让阿特拉斯盗取了3只金苹果。

俄耳甫斯最令人望而却步的勇敢行为就是他曾经弹奏着这张琴，无畏地闯入地下死亡的冥土，用令人心碎的琴音陶醉和感化了铁石心肠的冥后珀耳塞福涅同意放还他的那位在新婚的当天就被毒蛇所咬而亡故的新娘，不过冥后警告他在回人间的路上不得朝背后回头看一眼。在返回人间的途中，俄耳甫斯一直听到身后有人奔跑的声音，就在离地面仅剩一步的冥土出口处，他终于情不自禁地回过头去看了一眼是否真的是他夭亡的新娘跟来了。就在这一刹那，他再一次，也是永远地失去了她。俄耳甫斯悔恨至极，悲痛而死。阿波罗哀痛爱子，把他弹不离手的七弦琴化为天琴星座放在天庭，把俄耳甫斯本人化为天鹅星座守在天琴近旁。

冥王和冥后勉强同意让俄耳甫斯带他的亡妻还阳

九、九月星空

摩羯在希腊神话中是羊头鱼尾，但在中国辽代壁画上却成了具有中国特征的龙头鱼尾，这是中西方文化相结合的一个典型。

荧光夜明星图
适于夜晚观看

北

看西天星空时
这段地平线放在下方

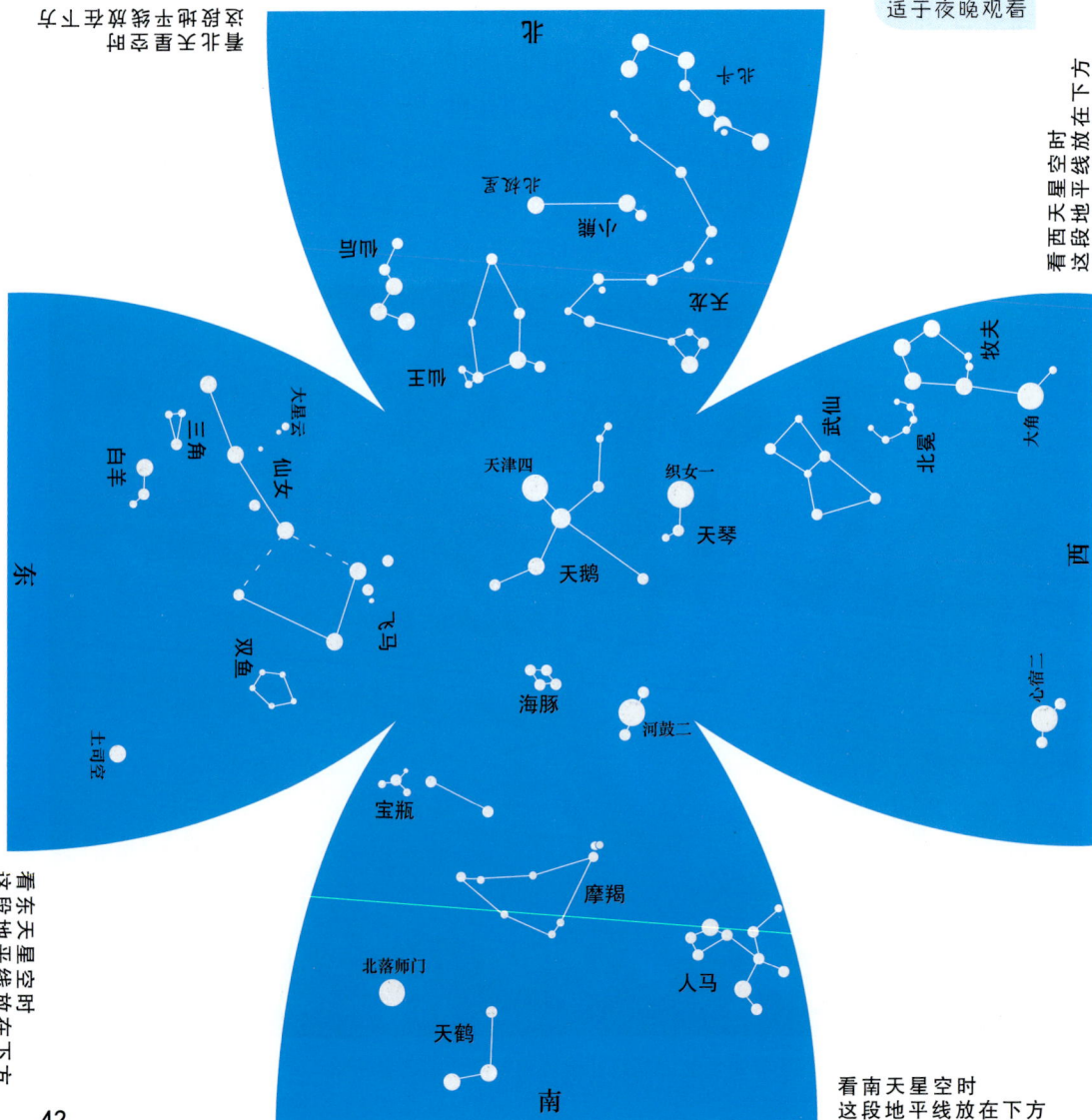

仙后

大熊

小熊

牧夫

武仙

北冕

天龙

天津四

织女一

天琴

大角

仙女

天鹅

西

大熊座三角

仙女

白羊

三角

心宿二

东

双鱼

飞马

海豚

河鼓二

土司空

宝瓶

摩羯

北落师门

人马

天鹤

南

看东天星空时
这段地平线放在下方

看南天星空时
这段地平线放在下方

42

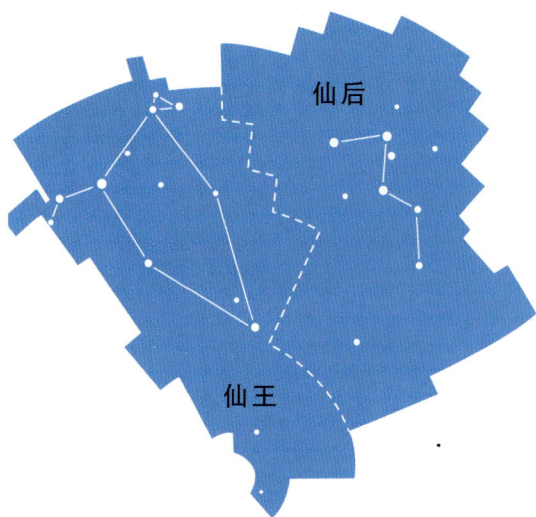

仙后座

1. 仙后座

每当天鹅座跟随着牛郎织女升到天顶时，正是北斗星下降到北方地平线上的时候。这时东北方 W 形的仙后座渐渐升高变成了 3 字形，就在仙后座右边的东方天空里便升起了秋天晚上最具代表性的飞马仙女四方形。这个四方形的三颗星属于飞马座，飞马座是一匹头朝西，背朝南，双翅展开的飞马半身形象。由四方形的西南角向前便是飞马的头，四方形东北角上的一颗星则是属于仙女座的，由此向东北延伸便是仙女座的三颗亮星。

飞马

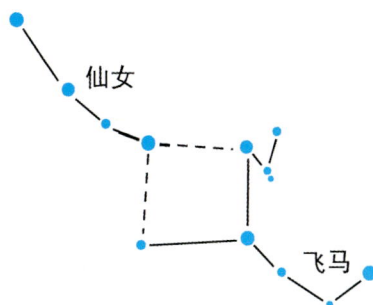

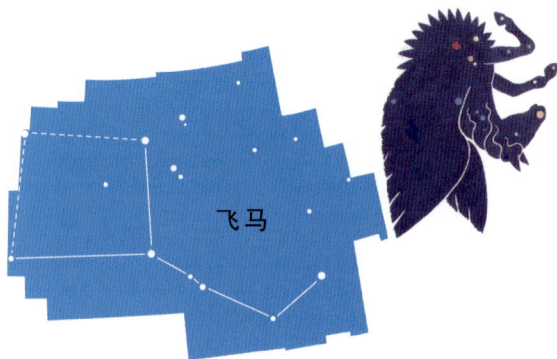

飞马座

2. 飞马座

飞马仙女四方形可以很明确地指明四个方向。四方形的上下两条边的左端一星指正东，右端一星指正西，左右两条边的上方一星指正北，下方一星则指向南方。除了指方向以外，通过飞马仙女四方形还可以找到秋夜南方天空里仅有的两颗亮星北落师门和土司空。从四方形西边的一条边笔直向下可以看到一颗非常明亮的大星，这便是南鱼座的北落师门，再沿着四方形东边的一条边向下，在北落师门的左上方可以找到比它略暗的鲸鱼座的土司空。如果是在广东、广西和海南地区，在土司空的东南下方还能看到一颗比北落师门更亮的波江座的水委一。

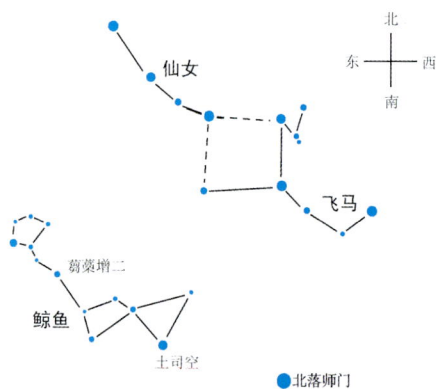

土司空和北落师门

北落师门同春夜狮子座的轩辕十四、夏夜天蝎座的心宿二和冬夜金牛座的毕宿五这四大明星沿黄道均匀分布，古代的巴比伦人尊它们为主宰人类寿命的四颗"王星"。

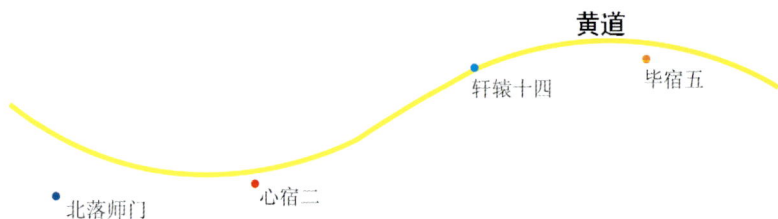

宝瓶座和摩羯座

双鱼

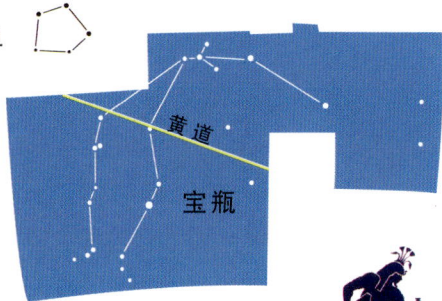
黄道
宝瓶

北落师门●

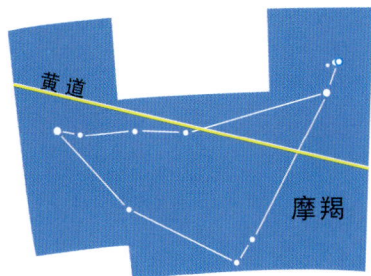
河鼓二●
黄道
摩羯

3. 宝瓶座和摩羯座

秋天晚上的星空是一年四季中最为暗淡的，它们中间的摩羯、宝瓶和双鱼这三个星座尽管一个比一个更暗，却都是黄道星座。太阳固然要从它们中间走过，月亮和行星也都会出入于它们中间，不认识它们还真是不行。辨认的时候从天鹰座的河鼓二和扁担星向南便是摩羯座，它是一个很大的三角形。苏轼的《前赤壁赋》中的名句说，"月出于东山之上，徘徊于斗牛之间。""斗"指的是南斗六星，"牛"指的就是这个三角形右上角的两颗星。可见黄道确实是从这"斗"、"牛"之间通过，月亮才能在这里徘徊。仔细观看可以发现这两颗星中上方的一颗原来是两颗小星紧紧靠在一起的一个双星。

在飞马的头顶与摩羯座大三角形之间有一个小小的"人"字形，这是宝瓶座的主要特征，也是宝瓶本身的星象。从这里向南至北落师门之间有两列暗星就是从宝瓶里倾倒出来的一注天上圣水，洒到地上就是尼罗河的来源，因为宝瓶座最早的形象就是古埃及的尼罗河神。在宝瓶座的东边，飞马仙女四方形的下方，那里有一个暗弱的五星小圆环，它就是双鱼座最主要的特征。

十、十月星空

每年到了十月，北斗星降到了北方地平线上，虽说是"斗柄西指，天下皆秋"，也只有在北方地区才能看到，在南方地区就看不到它了。

荧光夜明星图
适于夜晚观看

北

看北天星空时
这段地平线放在下方

看西天星空时
这段地平线放在下方

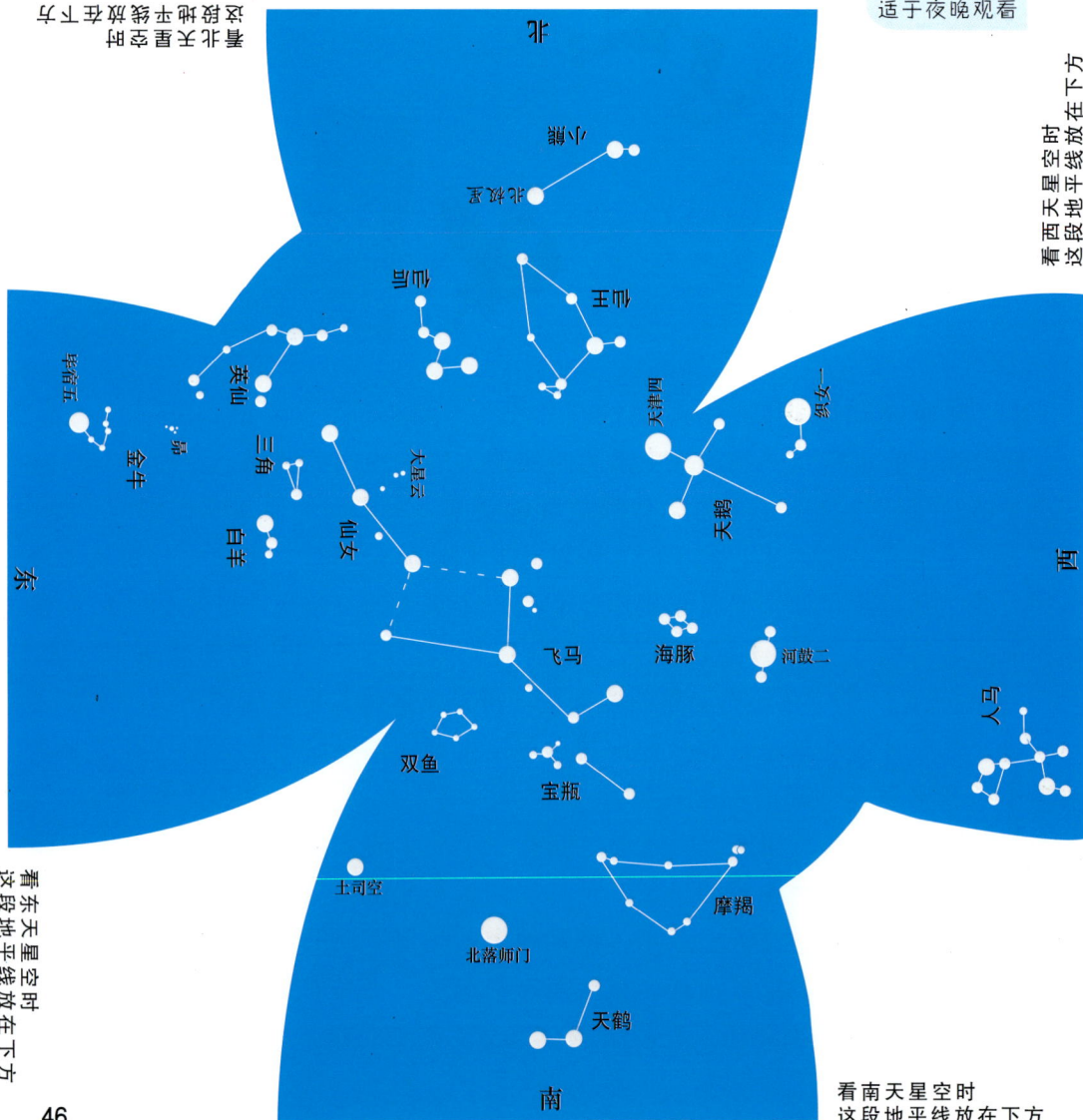

仙王

仙后

壁

英仙

天津四

织女一

昴宿五

金牛

三角

大陵五

仙女

天鹅

甘草

双子

东

飞马

海豚

河鼓二

天箭

西

双鱼

宝瓶

土司空

摩羯

北落师门

天鹤

看东天星空时
这段地平线放在下方

南

看南天星空时
这段地平线放在下方

46

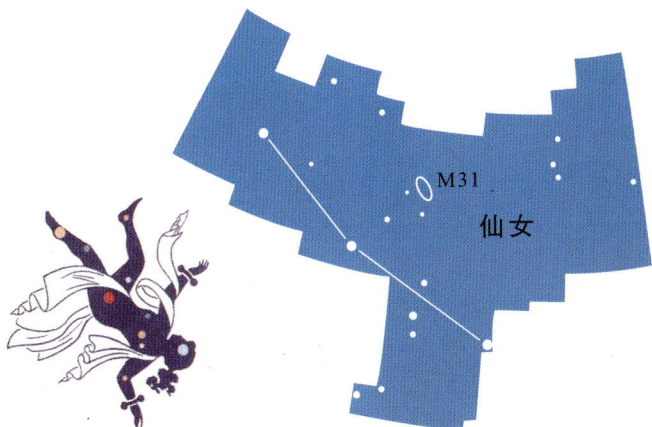

仙女座

1. 仙女座

　　初秋的晚上，牛郎织女和喜鹊星成了西方天空里的主要星辰，在夏季里从东北流向西南的银河，也随着星座的西移在天空里成了由东向西的状态。东方天空里的飞马仙女四方形随着 M 形的仙后座的上升，此刻也已经升得比较高了。接在四方形东北角上的是排成一线的仙女座三颗星，它的南边有一明一暗两个尖三角，它们是三角座和黄道星座白羊。

2. 白羊座

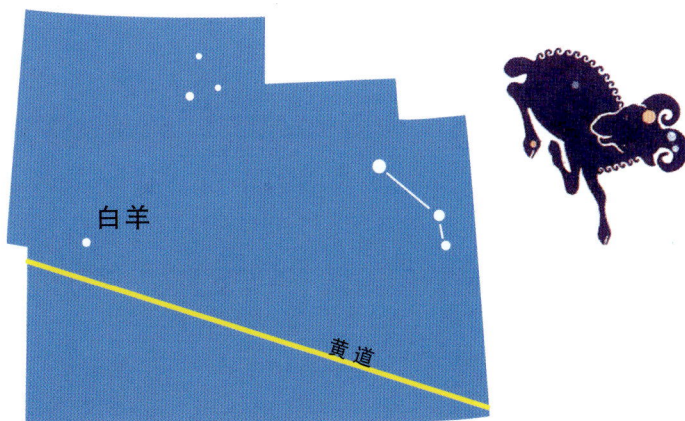

　　白羊其实长的是一身金毛，莹莹发光的金羊毛被战神阿瑞斯悬挂在他自己的圣园中的一棵橡树上，由一条从不合眼的喷火凶龙守护着，而金牛反倒是宙斯摇身一变而成的一头白牛。希腊五十勇士乘了阿耳戈船远航黑海东岸就是为了去取这张金羊毛皮。这个传说的由来其实是古时格鲁吉亚的里昂河口的当地人将羊皮沉入河床来收集由河水冲来沉积在羊毛之间的金砂，然后冶炼出黄金来。

仙王

仙后

飞马

英仙 仙女

鲸鱼

3. 希腊神话星座剧"英仙救仙女"

比起其他季节来，秋夜的星空是最暗淡的。但是，就在这个由一些很不起眼的中等亮度的星辰所组成的星空舞台上，却上演着一幕剧中人物最齐全、剧情最典型希腊化、情节也最完整的"英仙救仙女"的星座剧。作为这个热闹的星座剧中的主要角色的英仙珀耳修斯、仙女安德洛墨达、仙后卡西俄珀亚、仙王刻甫斯、鲸鱼和飞马这六个星座竟是源自同一个非常有名的希腊神话中的，它们全都可以在秋夜星空里被找到，而且除了鲸鱼座孤零零地凝固在南天的星海中，其余五个星座都是靠在一起的。

星座剧"英仙救仙女"演的是在地中海东岸古代有一个贾帕国，王后卡西俄珀亚夸耀她自己和她的女儿安德洛墨达公主比海中女仙五十姊妹更美丽，因而得罪了海王波塞冬，海王就派了一条巨鲸激起狂浪来残害百姓。国王刻甫斯只得遵照神谕，把女儿安德洛墨达用黄金链条锁在海边的岩石上作为祭品，让巨鲸吞食。幸亏希腊英雄珀耳修斯在西海斩了魔女墨杜萨的脑袋，骑着由魔女血和海水泡沫混合后变成的飞马正好经过那儿。珀耳修斯看到巨鲸正冲向安德洛墨达，急忙扬起墨杜萨的脑袋，用她的魔眼的法力将巨鲸化成了石头，救下了安德洛墨达并娶她为妻。可是卡西俄珀亚不仅反对他们的婚姻，还令人攻击珀耳修斯。珀耳修斯只好再一次举起墨杜萨的脑袋，卡西俄珀亚看了它一眼就被化成了石头。海王余怒不息，为了羞辱她，就把卡西俄珀亚的石像安放在天上一个尴尬的位置，使它在运转时每天总有一半时间是颠倒着头朝下，使仙后座的 M 变成 W。

4. 仙女座大星云 M31 星系

确认了仙女座三星以后，可以注意一下中央一颗星的北边不远处有两颗小星。就在这第二颗小星的右上角，仔细观看，可以看出那里有一小块非常暗淡的光斑，它又小又暗，看起来极为困难，却是一个非同一般的天体，千万别瞧不起它。因为一眼望去的满天星斗可以说全都是银河系本身的成员，唯独这小小一粒模糊的光斑却是远在银河系之外的另一个极其庞大的银河系，人们称它 M31 星系，也叫它仙女座大星云。它比我们的银河系大将近一倍，拥有更多的恒星和星际气体及尘埃物质。它是在长江以北地区肉眼所能直接看到的最遥远的天体，距离我们银河系约 290 万光年，却是靠我们最近的河外星系之一，也是肉眼所能直接看到的最遥远的天体。因此，一定要找一个天空没有光污染，且近旁也没有灯火干扰的良好观测环境，非常耐心仔细地好好找一找，务必要把它找到。要知道我们费尽了目力才勉强看到的这一小点极微弱的光线，竟是这个极庞大的星系在 290 万年以前所发射出来，在茫茫太空里默默地疾驶了 290 万年之后才射入我们的眼中的，因而我们今天所看到的实际上已经是它在 290 万年之前的远古形象。如果想要知道它目前的情况怎样，那可就得再等上 290 万年的漫长岁月了。

十一、十一月星空

秋夜星空里的飞马座和仙女座是两个联在一起的星座，它们共同组成了飞马仙女四方形。在冬夜星空里，御夫座和金牛座又是两个联在一起的星座，御夫座五边形最南边的一颗星就是金牛的一支长角。

看西天星空时
这段地平线放在下方

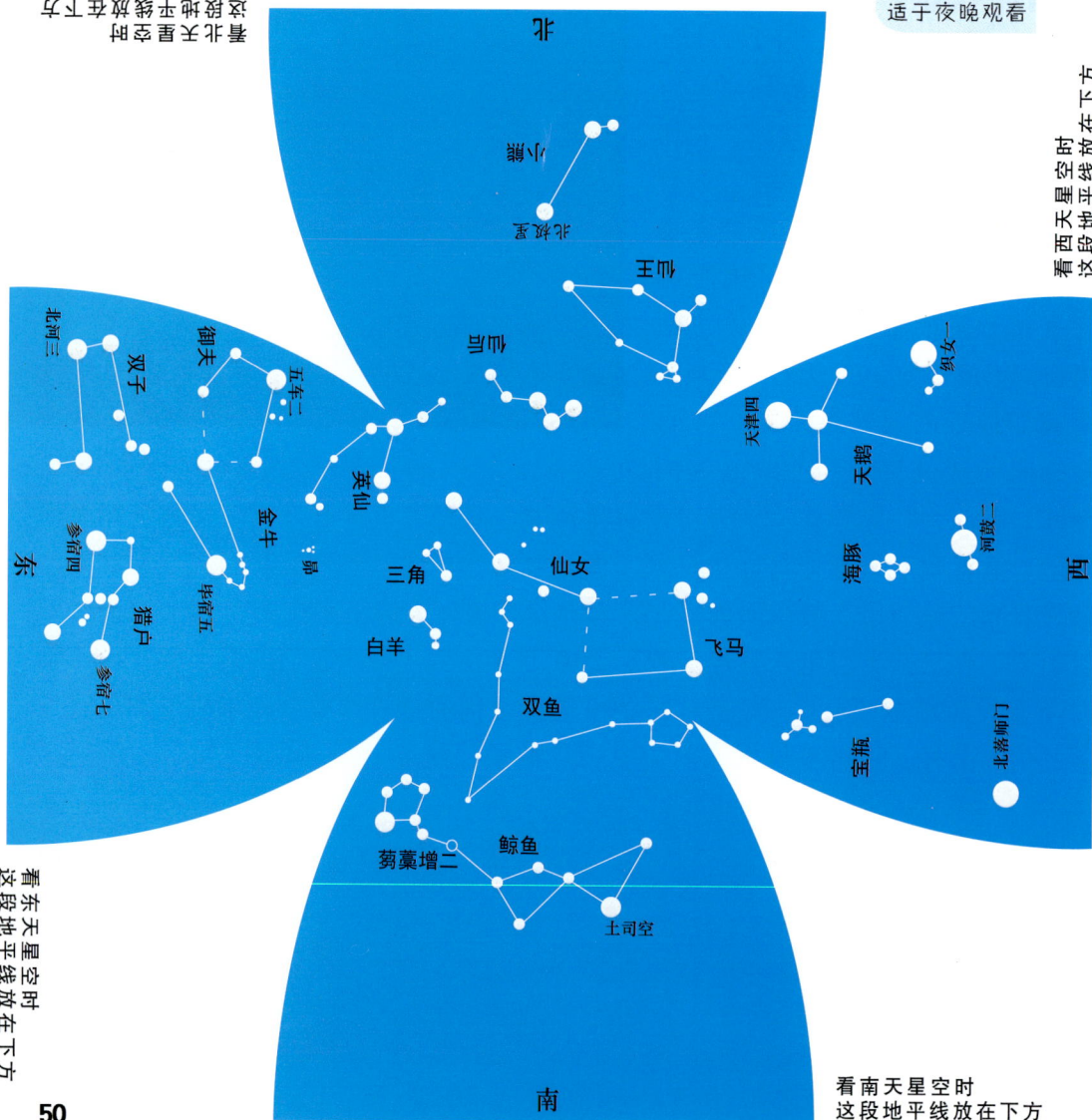

北

看北天星空时
这段地平线放在下方

仙后

仙王

天王

五车二

御夫

双子

北河三

金牛

英仙

毕宿五

参宿四

猎户

三角

仙女

天津四

天鹅

织女一

河鼓二

海豚

飞马

东

参宿七

白羊

双鱼

宝瓶

北落师门

西

刍藁增二

鲸鱼

土司空

看东天星空时
这段地平线放在下方

南

看南天星空时
这段地平线放在下方

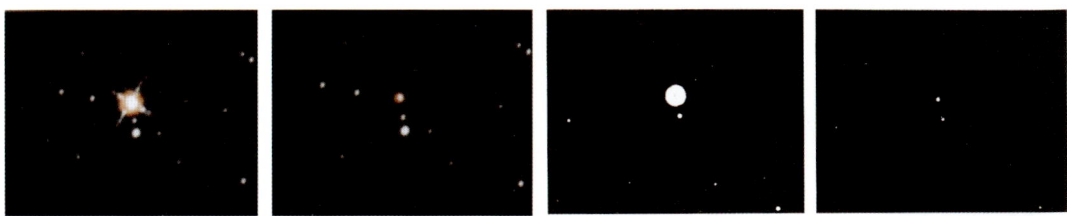

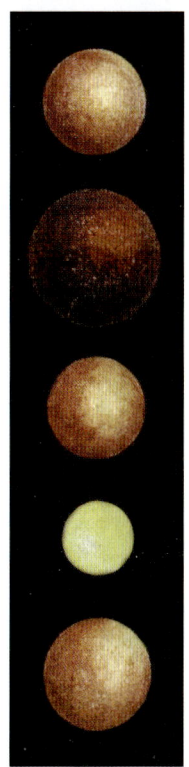

1. 鲸鱼座

深秋的夜晚，南方天空里北落师门已经向西方倾斜，这时运行到正南方的是鲸鱼座。鲸鱼座由一个三角形连着一个四边形及其左上方一个扇形所组成，在四边形与扇形之间有一个十分著名的变星，它名叫蒭藁（chú gǎo）增二。绝大多数恒星的亮度是固定不变的，但是变星的亮度却不断在变化着。蒭藁增二的体积一直不停地在膨胀和收缩，收缩变小时它的亮度增大，最亮时同土司空一样亮，历史上它曾经亮到像金牛座的毕宿五那样，膨胀变大时亮度减小，最暗时肉眼根本看不到它。因为它是亮度变化最明显的一颗变星，所以是初次观测变星的首选目标。蒭藁增二明暗变光的周期平均是 332 天，它的最亮期每年提前一个月。2010 年 11 月、2011 年 10 月和 2012 年 9 月都是它最亮的时段，在此前后的各两三个月里肉眼完全可以看到它在大约四至五个月中由暗变亮，然后又由亮变暗，最后消失不见。

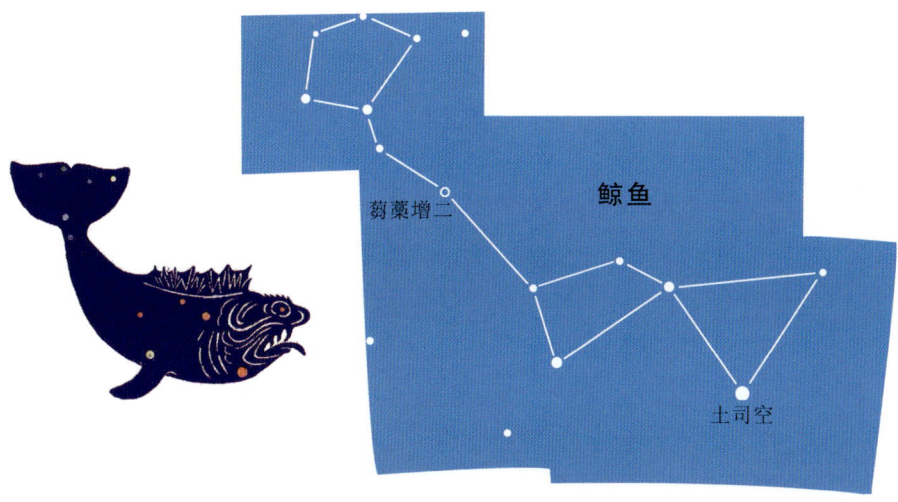

鲸鱼

蒭藁增二

土司空

51

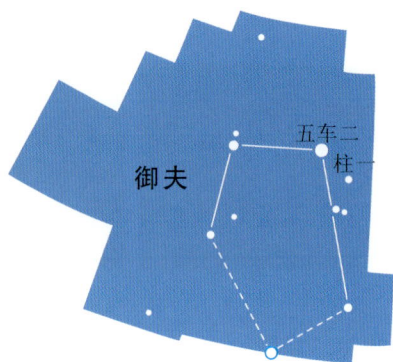

御夫座

2. 御夫座

秋天晚上西方天空里的牛郎星和织女星已经降低,这时东北方又升起了一个巨大的五边形,近旁随带着一个小巧的三角形,这就是御夫座。御夫座的五车二是与大角和织女星齐名的北天三大明星之一,它与织女星各处北极星一侧,总是此升彼降的。小三角形的上方靠五车二最近的一颗星名叫柱一,它是一颗变星,每隔27年就被一片积聚在环绕它运行的另外两个恒星周围的气体和尘埃物质盘遮挡住一次,因而亮度变暗长达2年之久。看来这个黑暗的物质盘十分庞大,几乎是整个太阳系的大小,整整两年的时间才能从明亮的主星前面移开,盘里的物质正在演化为一个新的行星系。

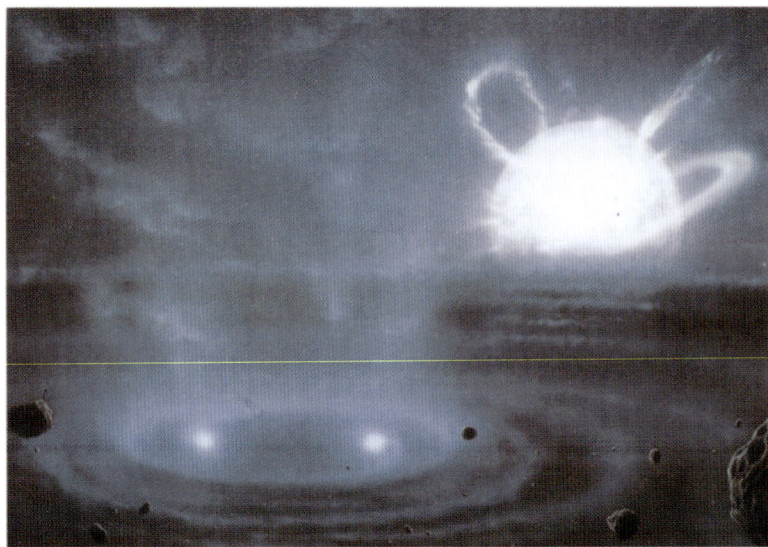

变星柱一

双星团

英仙座

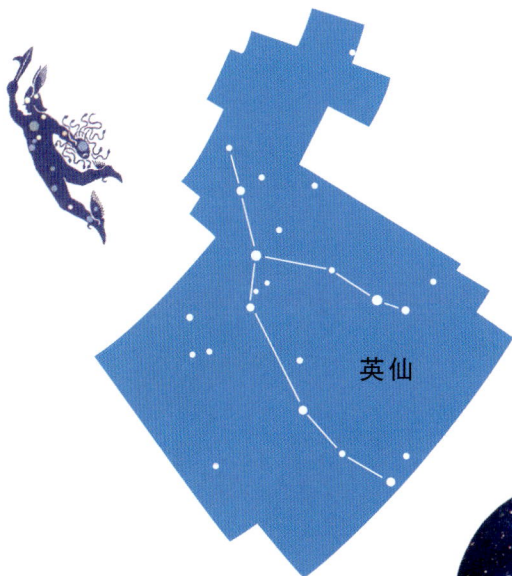
英仙

手提魔女头颅的英仙珀耳修斯

昴星团

3. 英仙座

我们已经认识了"英仙救仙女"这个星座剧中的仙女座安德洛墨达这个主角的三颗星，顺着仙女座三颗星的连线继续向东北方看去，可以看到第四颗同样亮的星，再从仙后座向这颗星看过来，又可以看到一系列中等亮度的星组成一个弯弓形，这就是这个星座剧中的另一个主角英仙座珀耳修斯的星辰，这个弯弓形叫英仙弧。在英仙弧上方与仙后座之间，仔细观看可以看到那儿有两小块光斑，那就是英仙座双星团，在英仙弧下方就是星象中的精品昴星团了。

金牛座

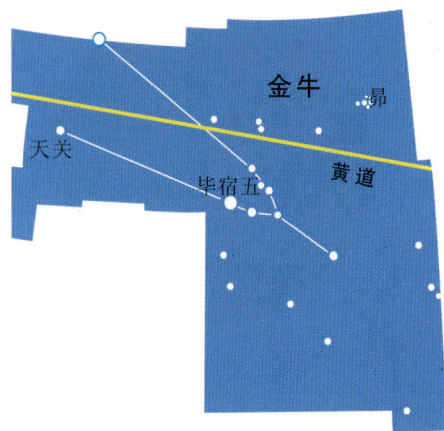

4. 金牛座

　　金牛座是冬夜最重要的星座之一，也是十二个黄道星座之一。黄道上的夏至点就在金牛座里，每年6月22日太阳运行到夏至点时，太阳就在金牛座，这一天是地球的北半球昼最长、夜最短的一天。金牛座的星像是一个半身的金牛形象，它拥有两个极有名的星团，一个是星空里最诱人的天体昴星团，另一个是跟随着它升起来的Ｖ形的毕星团。毕星团是金牛的头部，明亮的毕宿五是金牛的一只红眼睛。毕星团人称大七姊妹，昴星团则是小七姊妹，她们全都是扛天巨人阿特拉斯的女儿。这大小两个七姊妹星团无声地告诉人们，一首伟大的星座交响乐的华彩乐章即将奏起，它的第一个音符星座之王猎户座，就要升起来了。

天关客星

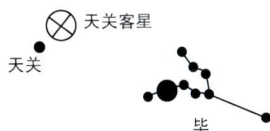
蟹状星云

5．天关客星与蟹状星云

1054年初夏的一天黎明，在金牛下方的一支长角顶尖上的天关星近旁突然出现了一颗极明亮的超新星，最亮的时候比金星还要亮得多，白昼都能看到，经过了二十多天才渐渐变暗，消失不见，这就是天关客星，国际上称为中国新星。宋代的史书上称这颗超新星为客星，有记载说："至和元年五月，晨出东方，守天关，昼见如太白，芒角四出，色赤白，凡见二十三日。"天关客星是一个演化到天体生命晚期的恒星，今天用天文望远镜看到的蟹状星云就是它爆发后留下的残骸。

6. 昴星团

昴星团七姊妹

昴星团

大七姊妹和小七姊妹

丢失的小七妹

金牛座的昴星团是星空里独一无二、给人印象最深的天体，六七颗小星星紧紧地靠在一起，闪闪烁烁发出晶莹的光华，极其惹人注目。通常，人们都能看到昴星团有6颗星，目力尖锐的人可以看到更多几颗。

实际上昴星团共有500多位姊妹。在民间传说中，七姊妹中最小的妹妹到北斗那儿去喝水了，所以在原处就少了一位，但是在北斗六旁边却可以看到这个小妹妹，这就是北斗六近旁的辅星。

十二、十二月星空

猎户座的腰带，也就是东斗星，原来就是神话中十分有名的福禄寿三星。三星中央的一颗为福星，左边东方一颗为寿星，右边西方一颗为禄星，它从地平线上升起的一点为正东，降下地平线的一点为正西。

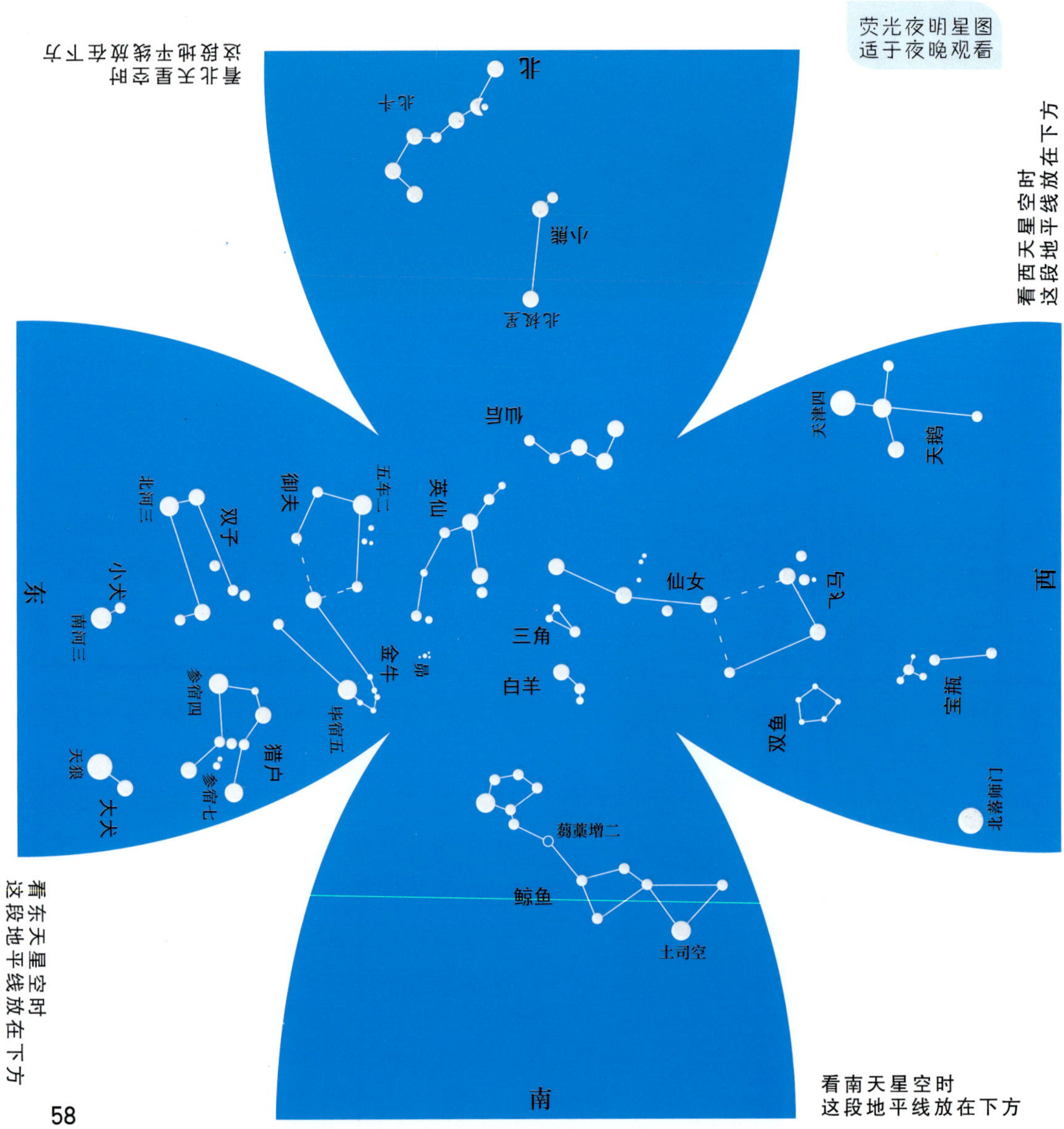

禄
福
寿

荧光夜明星图
适于夜晚观看

看西天星空时
这段地平线放在下方

北

北斗

少

北极星

仙王

天津四

天鹅

五车二

英仙

北河三

御夫

双子

仙女

飞马

小犬

南河三

三角

金牛

昴

白羊

宝瓶

参宿五

毕宿五

双鱼

东

参宿七

猎户

天顶

北落师门

大犬

刍藁增二

鲸鱼

土司空

看东天星空时
这段地平线放在下方

南

看南天星空时
这段地平线放在下方

58

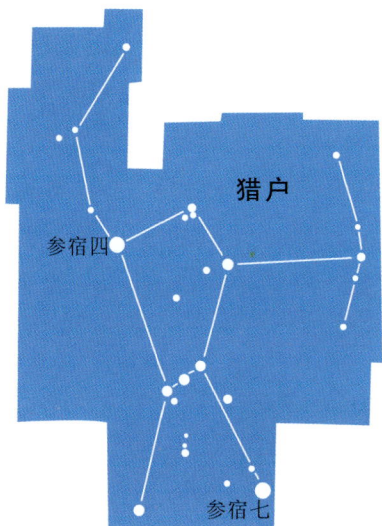
猎户

参宿四

参宿七

猎户座

参宿四

参宿七

俄赛里斯

1. 猎户座

猎户座被誉为星座之王，它的英名人们早有所闻。无论是谁，生平第一次亲眼目睹在初冬的寒气之中，猎户座众星光华四射，闪烁不定，从正东方地平线上气宇轩昂，威风凛凛地跃上天空时，它的灿烂形象对心灵的震撼，其感受将是终身难忘的。

除了南北两极，猎户座在世界上大部分地区都能够完整地看到它这个星光明亮璀璨，排列造型庄严雄伟的星座。从远古以来，世界各个文化中心的人们无不把猎户座的这些星辰视为神祇、英雄、巨人或战神。美索不达米亚人把它看做是寒冬和风雪的使者，古埃及人称它为大地和植物之神、文明行为的教导者、众神之王，更是永恒生命象征的冥土最高统治者俄赛里斯在星空的形象。猎户是古希腊人的想象，他头顶正北，足登正南，面朝西，背朝东。在东方的中国这个星象便是四象中的白虎，早在 6500 年前就有了用蚌壳排成的这个虎形。

古埃及有一些建筑物与星象颇有联系，著名的狮身人面像就是狮子座的形象，最大的三座金字塔的排列位置完全是根据古埃及的众神之王俄赛里斯的星座形象的腰带三星的星象，即猎户座腰带三星的星象来安排的。

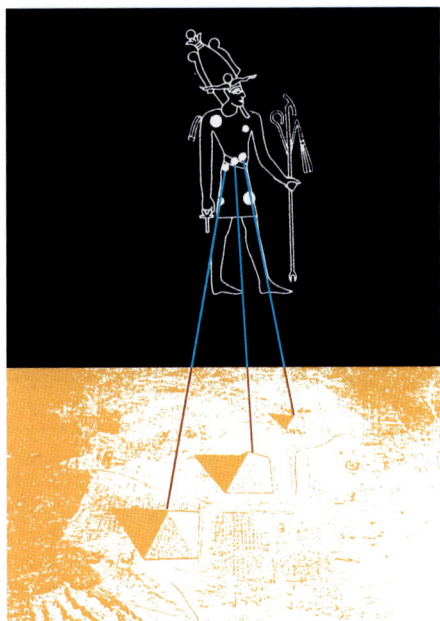

三大金字塔的布局与俄赛里斯的星象

狮身人面像与狮子星座

寿星近旁的马头星云和意大利星云

飞鸟星云

马头星云

猎户座既拥有年高而不稳定的红超巨星变星参宿四，又有好多个年轻炽热的恒星参宿一、二、三和参宿七。参宿四坍缩得最小时，还足以将火星轨道包容在它体内，膨胀得最大时直径就同木星轨道一样大了。参宿四最终将爆发成超新星，然后坍缩成黑洞。参宿七是一个蓝超巨星，比太阳亮6万倍，表面温度高达12000℃以上，而东斗三星中的禄星的表面温度则高达30000℃。

猎户座更拥有两个有名的星云：飞鸟星云和马头星云。其实整个猎户座本身就是完全沉浸在极大一片星云之中的。在猎户所佩的宝剑中央一颗小星那里，肉眼勉强可以看到一小片模糊的光斑，这就是猎户座大星云M42，形似飞鸟，人称飞鸟星云。马头星云在东斗三星的寿星的南侧，明亮星云背景上的一匹黑马头的形象极为逼真，但肉眼不能直接看到它。

星云中的猎户座

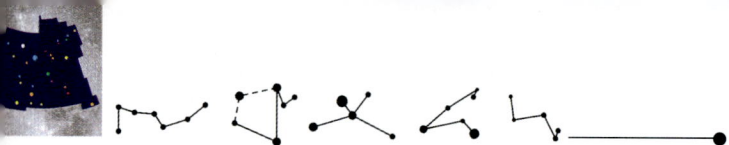

阿耳忒弥斯

2. 猎户座的希腊神话

在希腊神话中，海王的儿子俄里翁是个猎户，他能够在水面上行走。俄里翁是月亮和狩猎女神阿耳忒弥斯最好的猎手，她非常爱慕他，甚至为此荒疏了自己在夜间照明的任务，她的孪生哥哥阿波罗对此很不以为然。有一天阿波罗和阿耳忒弥斯一同在天空巡视大地时，挑唆她用银弓去射海面上的一个时隐时现的小黑点，谁知作为一个神箭手射中的竟是正行走在波涛起伏的海面上的俄里翁。阿耳忒弥斯回到地上后得知自己射死了俄里翁，痛不欲生，从此月光就变得冰冷而忧伤。为了安慰女儿，宙斯便把俄里翁化成了天上最灿烂的猎户星座。猎户座虽然不是黄道星座，但是作为阿耳忒弥斯原身的月亮，每个月都要走进猎户座去看望他一次，所以我们可以看到月亮会走进猎户座里。

3. 大犬座和天狼星

天狼

大犬

天狼

猎户前有金牛座和毕宿五，东南有大犬座和明星魁首天狼，猎户带着大犬、小犬在天空里抗击金牛的冲撞，金牛则且战且退，坠向西方，在这岁末的冬夜里表演着一出形象极其生动的星座大战，这大概也是它们要以此来为地球上的人们在辞旧迎新时祝福添禧吧。

4. 四季星座总回顾

我们坐地巡天仰观星象，到这里不觉已经有一年了，我们又一次见到了雄伟华丽的猎户座和环列在它周边的以七姊妹为前导的新年花环众星。这一年来的星空之旅告诉我们，一年四季十二个月的星座原来是前后相连，环列在北极星的周围四方的。这也就是说，我们只要在上半夜和同一天的下半夜天明之前各观看一次星空，就可以看到一年四季的全部星座，只有当时正在太阳背后的几个不能看到，而根本不用等待一年的。全天星座的这个总体排列状态，可以用四句话来加以描述：

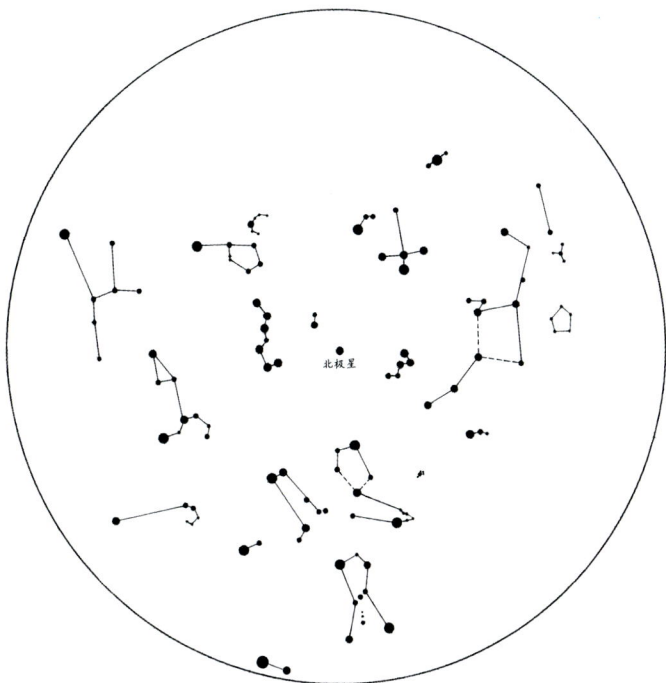

春夜狮子赶天狼　夏夜牛郎会织女　秋夜仙女骑飞马　冬夜猎户斗金牛

5. "看到了"黄道

纵观黄道，它原来也是东西相接环天一周的。黄道从双鱼座小圆环开始向东，经过金牛座的昴星团与毕宿五之间，然后穿过双子座长方形和巨蟹座又小又暗的四边形，掠过轩辕十四和角宿一，再经过天秤、天蝎头部和人马座的南斗星，横穿摩羯座大三角，经过宝瓶小"人"字下方，最后又回到双鱼座小圆环。如果你能够在星空里认出这一条环天一周的"天路"，也就可以说你已经"看到了"肉眼根本不可能实际看到的天球上的黄道，这应该说是一个很了不起的收获。

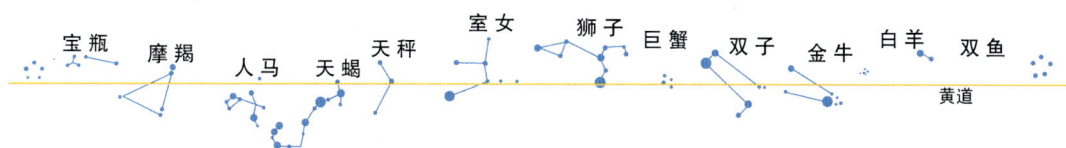

北天星座想象图

金牛 御夫 双子 小犬 大犬 巨蟹 小狮 狮子 后发 三角 白羊 英仙 御夫 室女 天猫 小熊 大熊 猎犬 巨爵 女发 仙后 鹿豹 牧夫 小马 蝎虎 天鹅 天琴 巨蛇 天龙 北冕 狐狸 天箭 盾牌 蛇夫 武仙 海豚 天鹰

64

南天星座想象图

麒麟　大犬　天兔　时钟　天鸽　雕具　船尾　六分仪　罗盘　船帆　绘架　剑鱼　网罟　波江　长蛇　巨爵　船底　天炉　乌鸦　飞鱼　蝘蜓　山案　水蛇　凤凰　南极　半人马　南十字　苍蝇　圆规　望远镜　孔雀　天坛　天鹤　印第安　三角形　矩尺　南三角　显微镜　天秤　天蝎　豺狼　人马　南冕　摩羯　玉夫　鲸鱼　宝瓶　南鱼　杜鹃

全天目视星等星图（1）

2000.0 历元

恒星时是 0^h，表示赤经 0^h 上的双鱼
和仙女等星座此刻正通过正南方；恒星时
为 6^h，表示当时正南方是赤经 6^h 上的猎
户、御夫等星座。

恒星时表

时刻 月份	20^h	22^h	0^h	2^h	4^h	6^h	8^h	10^h	12^h
一月	4^h	6^h	8^h	10^h	12^h	14^h	16^h	18^h	20^h
二月	6^h	8^h	10^h	12^h	14^h	16^h	18^h	20^h	22^h
三月	8^h	10^h	12^h	14^h	16^h	18^h	20^h	22^h	0^h
四月	10^h	12^h	14^h	16^h	18^h	20^h	22^h	0^h	2^h
五月	12^h	14^h	16^h	18^h	20^h	22^h	0^h	2^h	4^h
六月	14^h	16^h	18^h	20^h	22^h	0^h	2^h	4^h	6^h
七月	16^h	18^h	20^h	22^h	0^h	2^h	4^h	6^h	8^h
八月	18^h	20^h	22^h	0^h	2^h	4^h	6^h	8^h	10^h
九月	20^h	22^h	0^h	2^h	4^h	6^h	8^h	10^h	12^h
十月	22^h	0^h	2^h	4^h	6^h	8^h	10^h	12^h	14^h
十一月	0^h	2^h	4^h	6^h	8^h	10^h	12^h	14^h	16^h
十二月	2^h	4^h	6^h	8^h	10^h	12^h	14^h	16^h	18^h

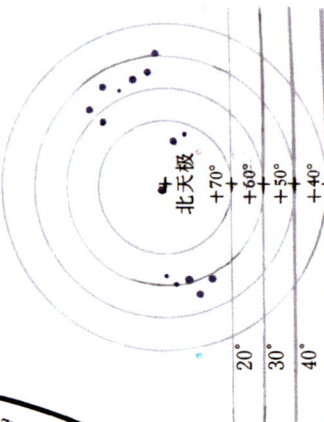

恒显圈

北天极
+70°
+60°
+50°
+40°

20°
30°
40°

北纬 50° 地平

恒显圈以内的星斗终年不降至当地的地平以下。

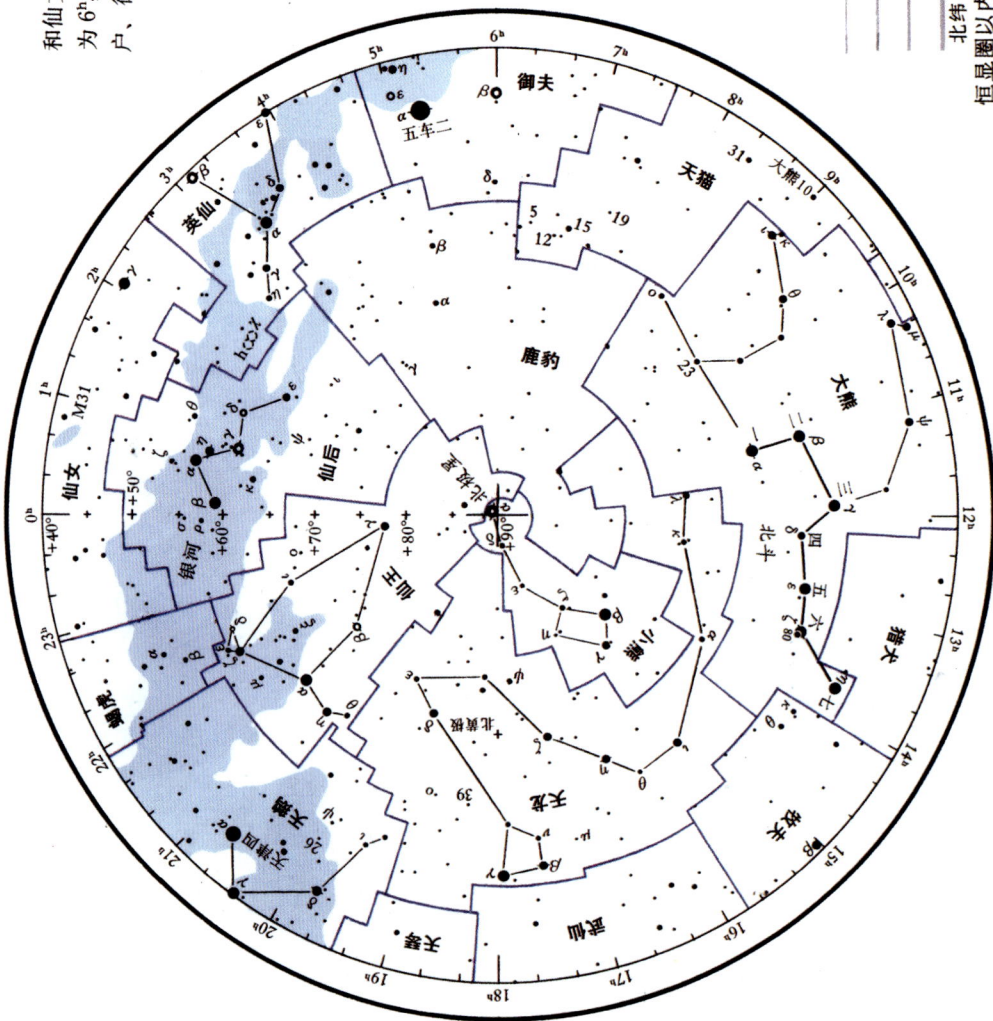

全天目视星等星图（2）

全天目视星等星图（3）

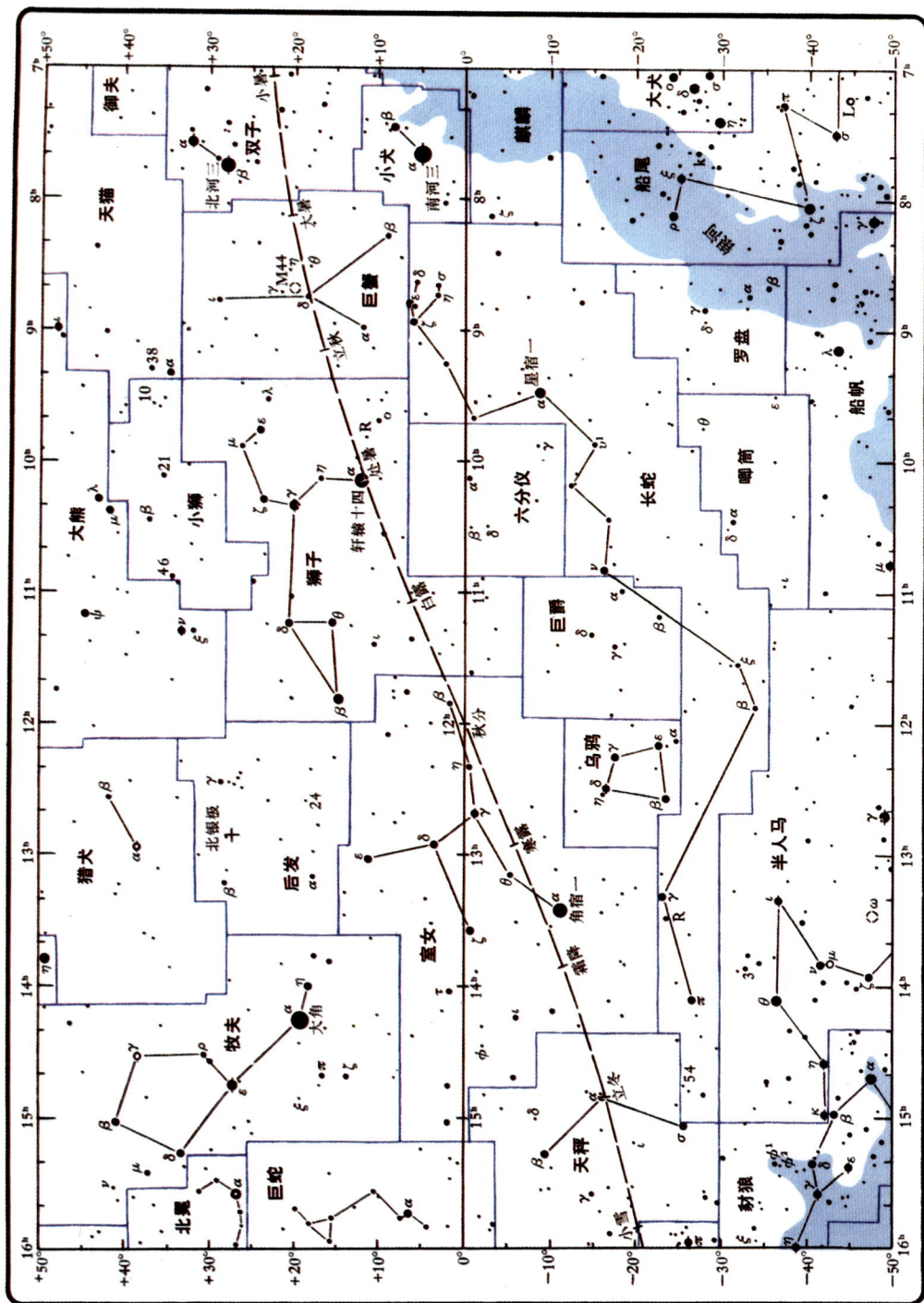

68

全天目视星等星图(4)

全天目视星等星图(5)

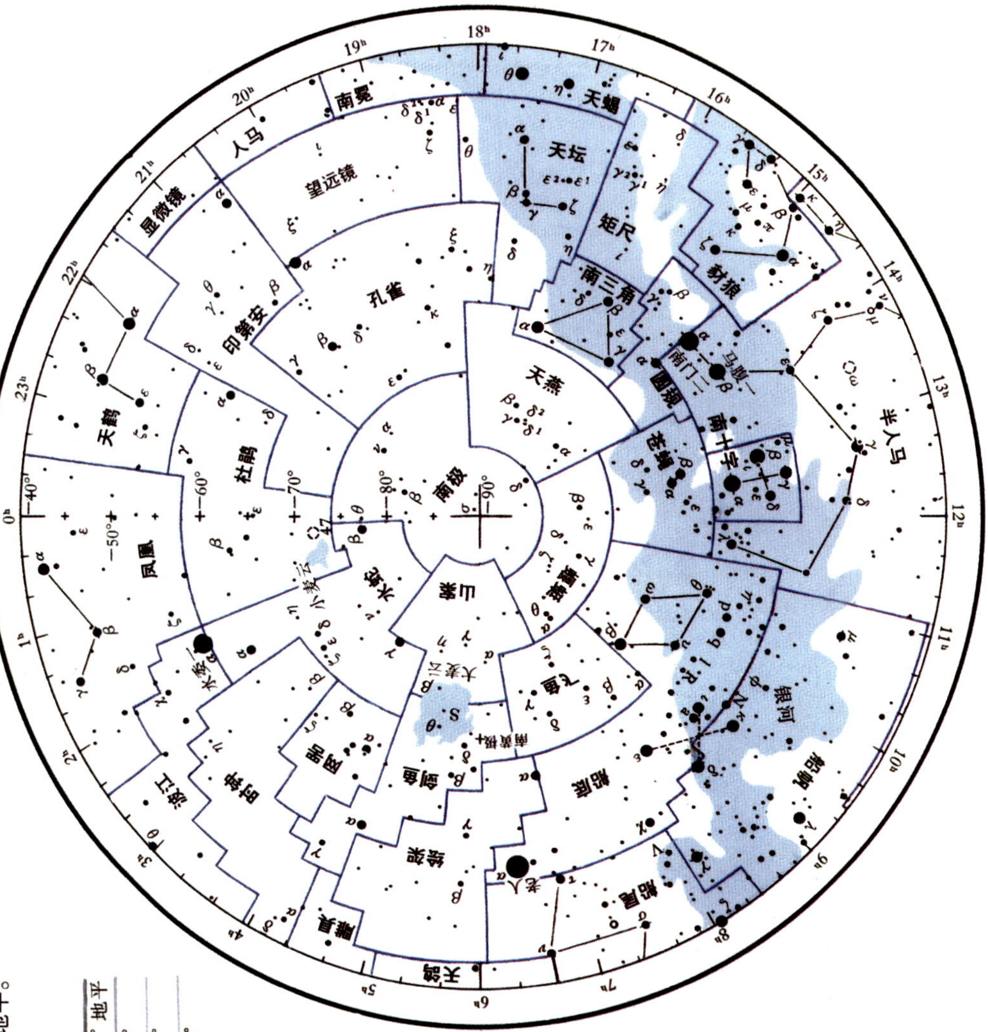

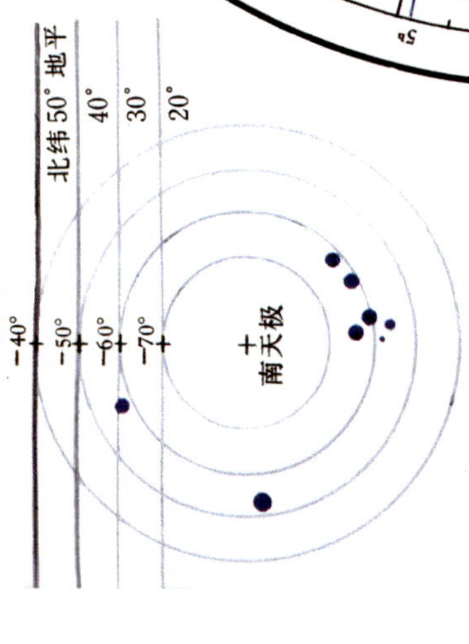

恒隐圈以内的星星终年不升上当地的地平。

目视星等

- ● 0以上
- ● 1
- ● 2
- • 3
- · 4
- · 5以下

- 双星
- 变星
- 星团

绝对星等与光谱型星图（1）

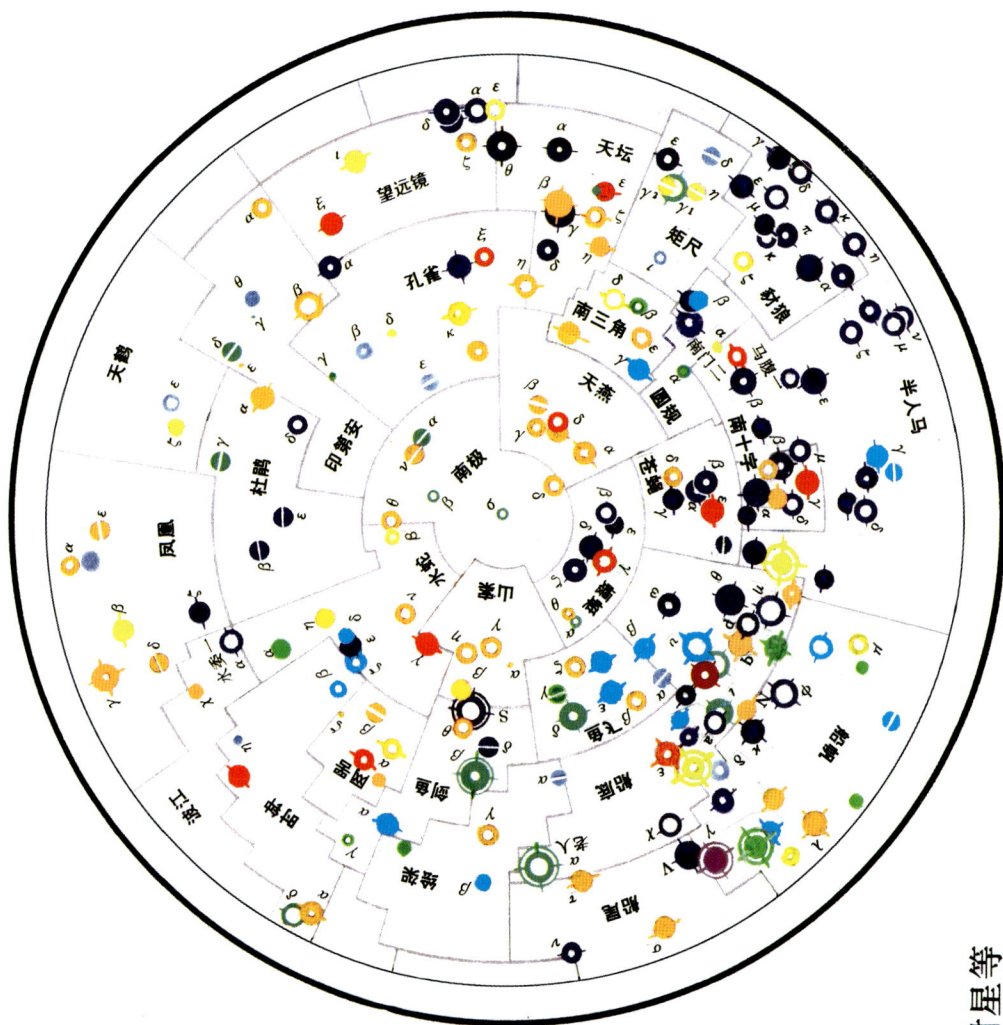

希腊字母
（汉语拼音注音）

α	ârfa	ν	ni
β	vida	ξ	ksi
γ	gāma	o	ômikron
δ	dêrda	π	bi
ε	êpsilon	ρ	ro
ζ	*zyîda	σ	sigma
η	yîda	τ	daf
θ	*θîda	υ	îpsilon
ι		φ	fi
κ		χ	hi
λ	lâmda	ψ	psi
μ	mi	ω	omêga

*z, θ 为国际音标

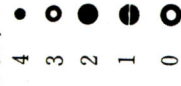

5以下

4	3	2	1	0
−1	−2	−3	−4	−5	−6
−7	−8	−9

绝对星等

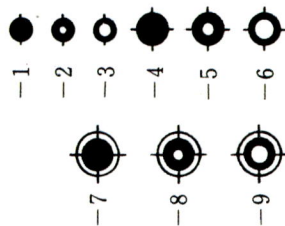

绝对星等与光谱型星图 (2)

绝对星等与光谱型星图(3)

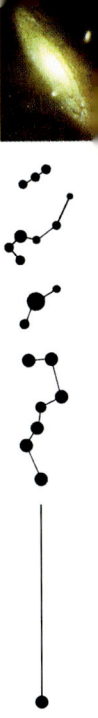

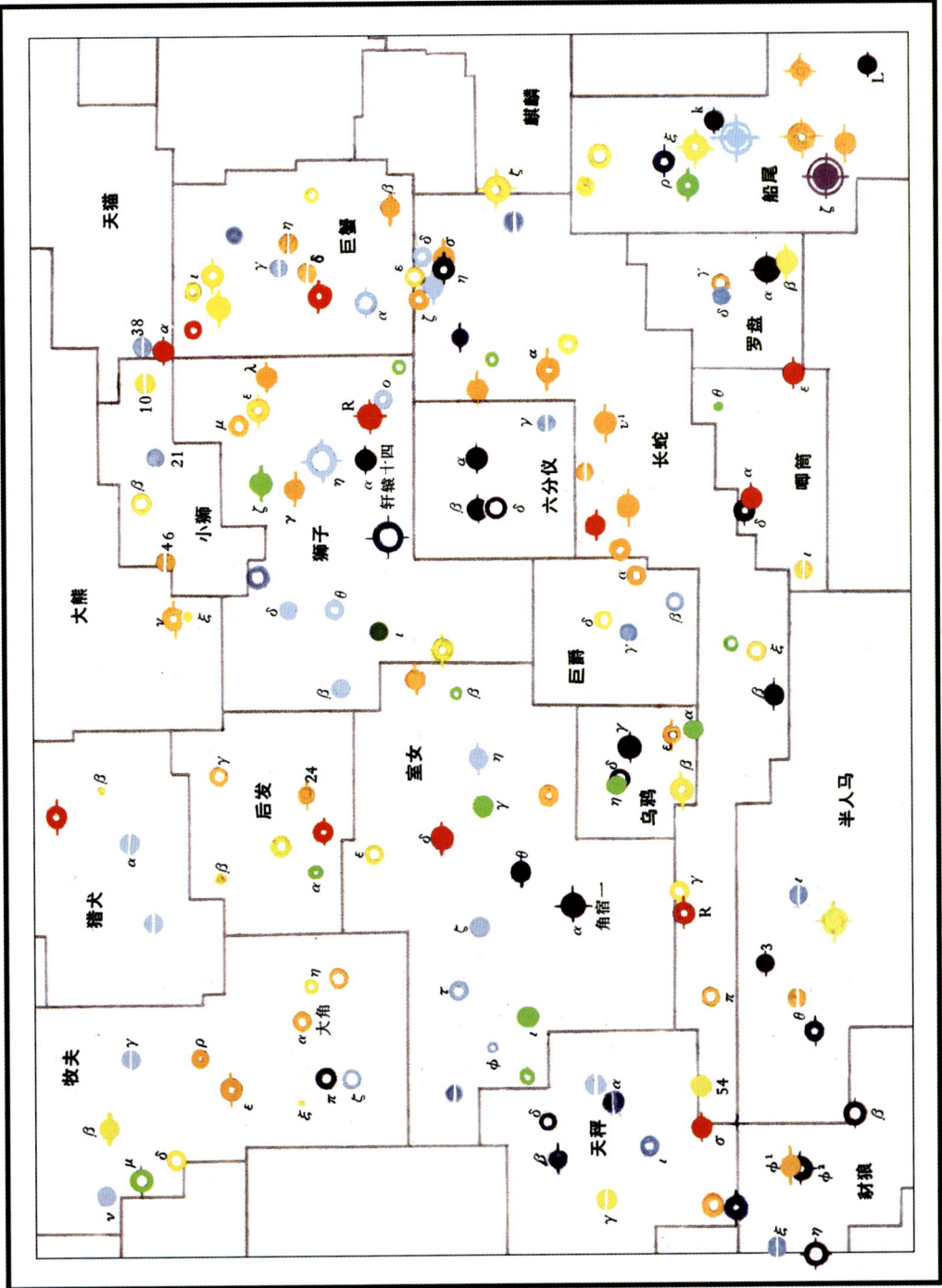

绝对星等与光谱型星图（4）

绝对星等与光谱型星图(5)

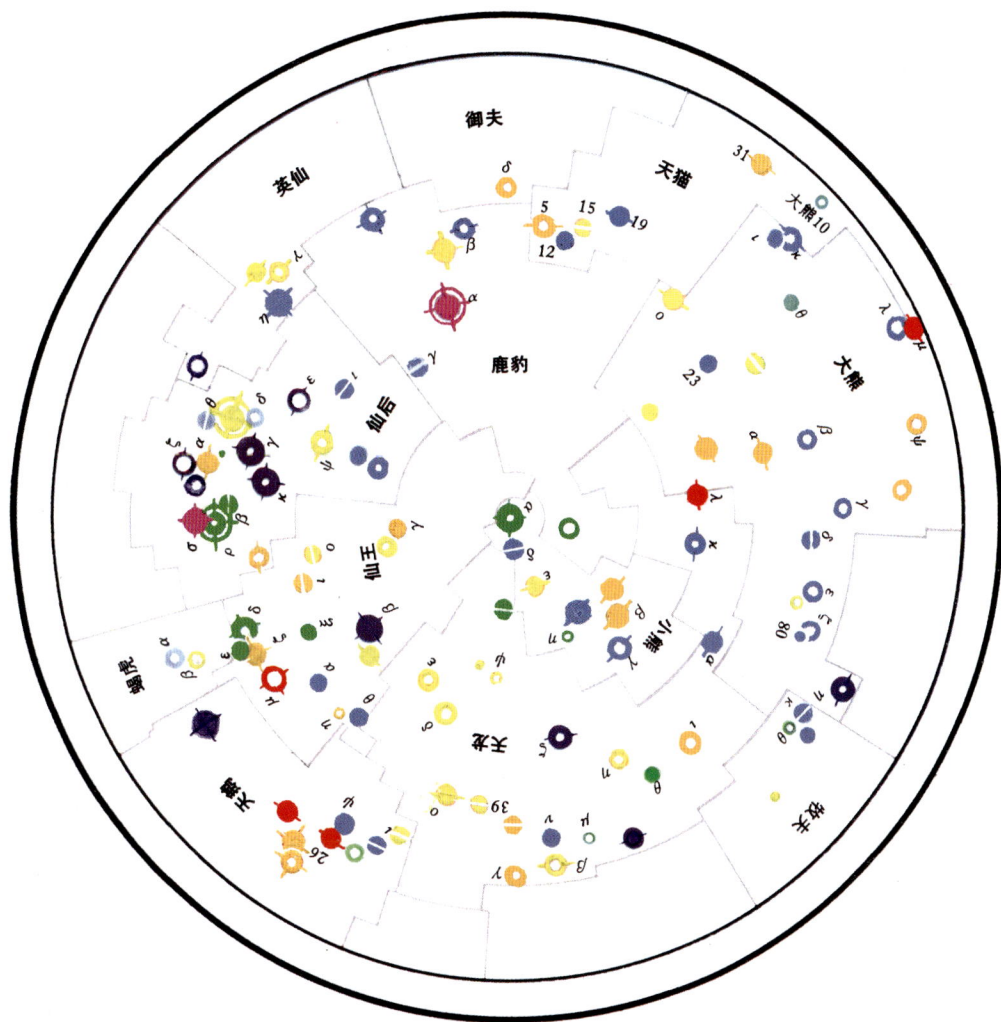

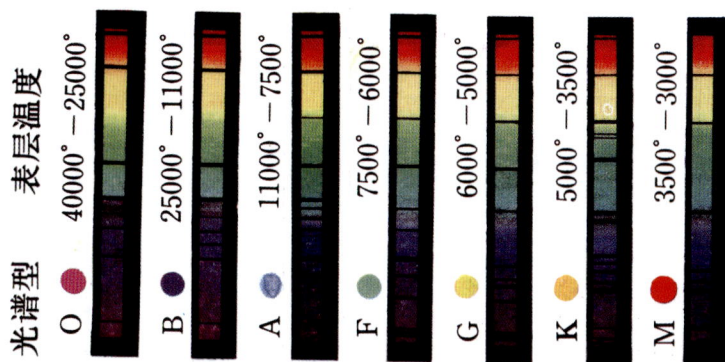

中国古代星官图（1）

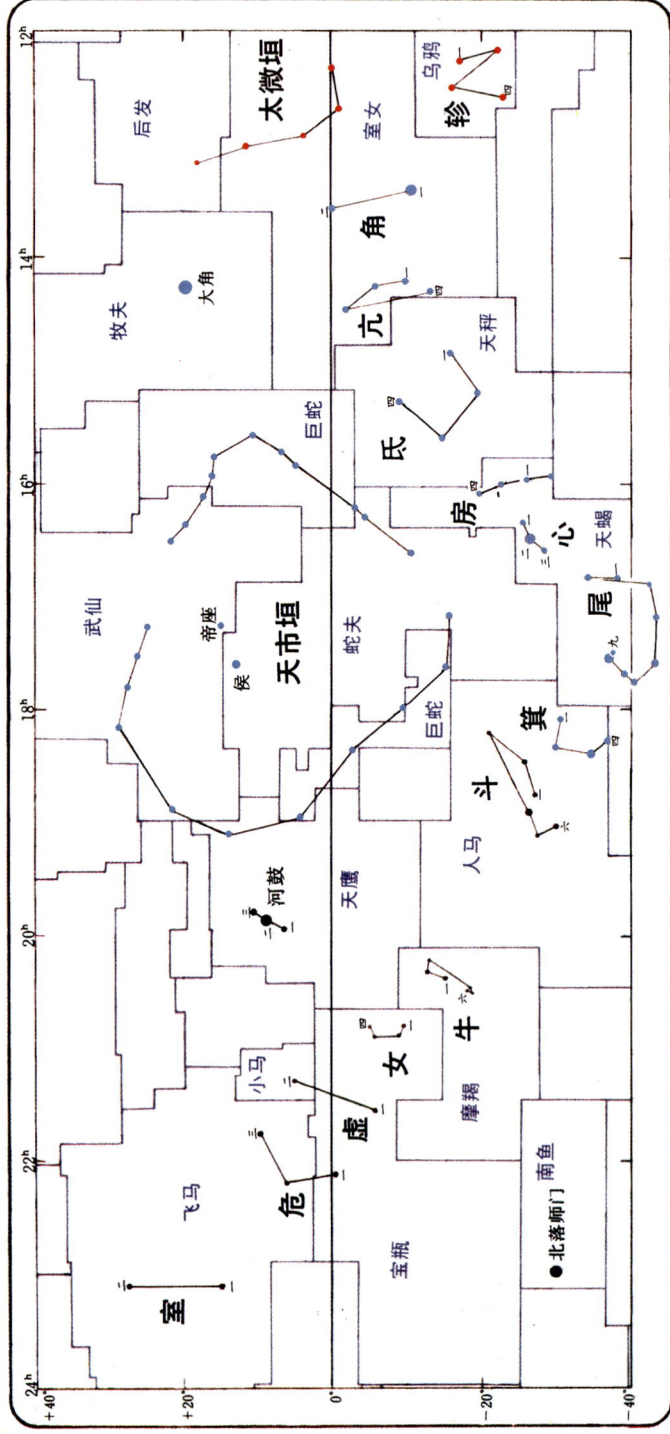

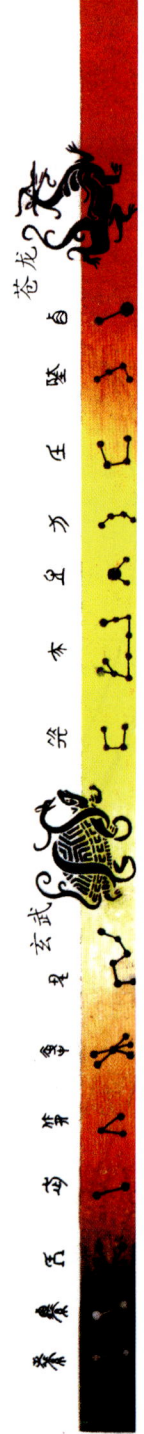

后发　太微垣　室女　乌鸦　轸

角

牧夫　大角　亢　天秤

巨蛇　氐

武仙　帝座　天市垣　侯　蛇夫　房　心　天蝎

巨蛇　尾　九

斗　箕　人马

河鼓　天鹰

女　牛　小马　虚

摩羯　南鱼

飞马　危　宝瓶　北落师门

室

辰龙　卯兔　寅虎　丑牛　子鼠　亥猪

苍龙　玄武

76

中国古代星官图（2）

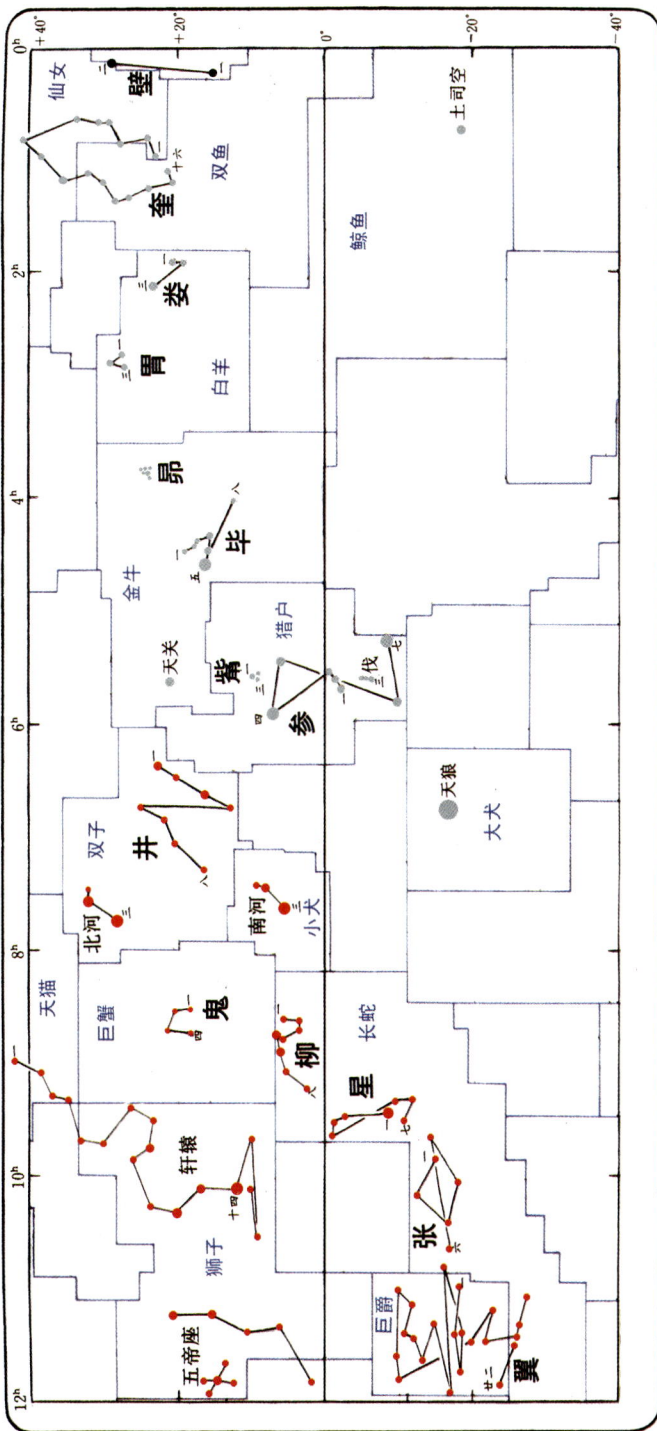

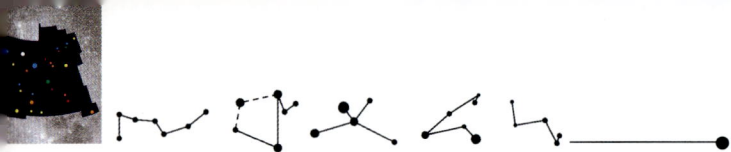

中国古代星官图（3）

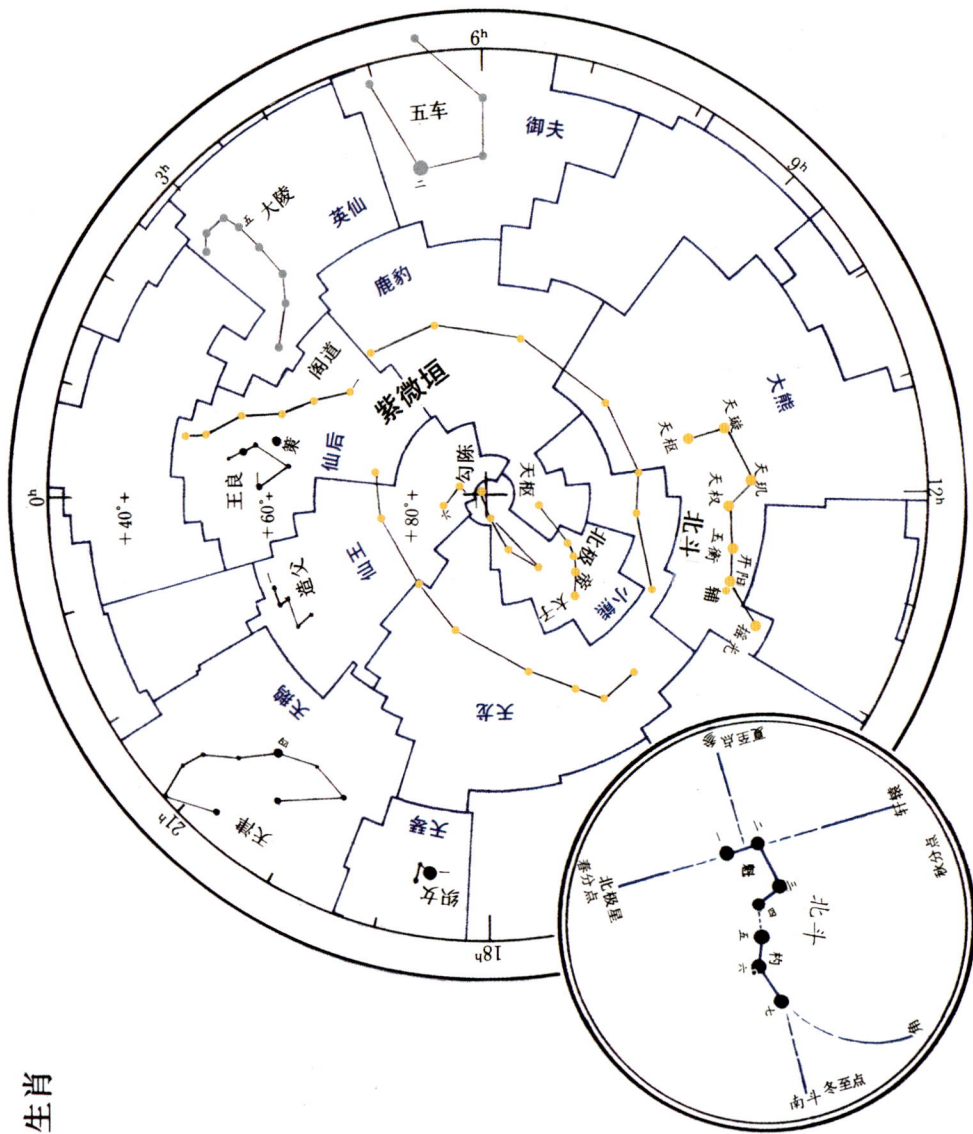

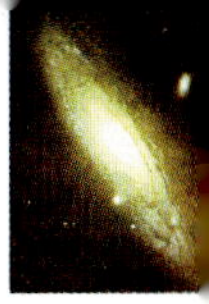

四象与二十八宿

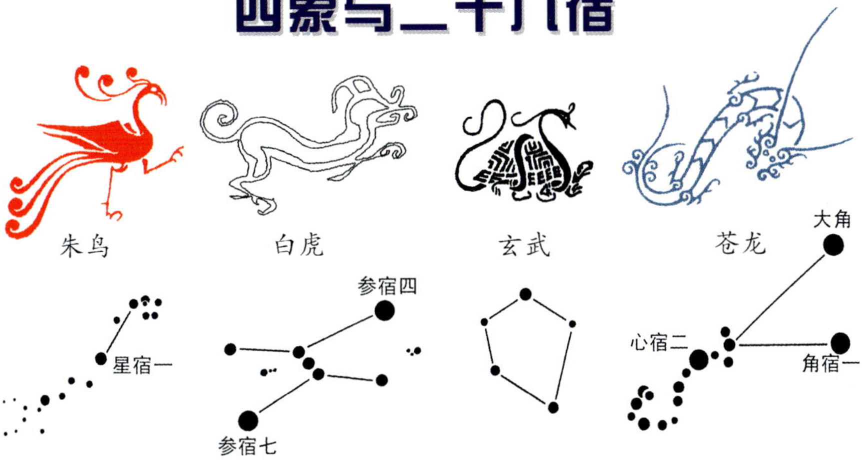
朱鸟
白虎
玄武
苍龙
大角
参宿四
星宿一
心宿二
角宿一
参宿七

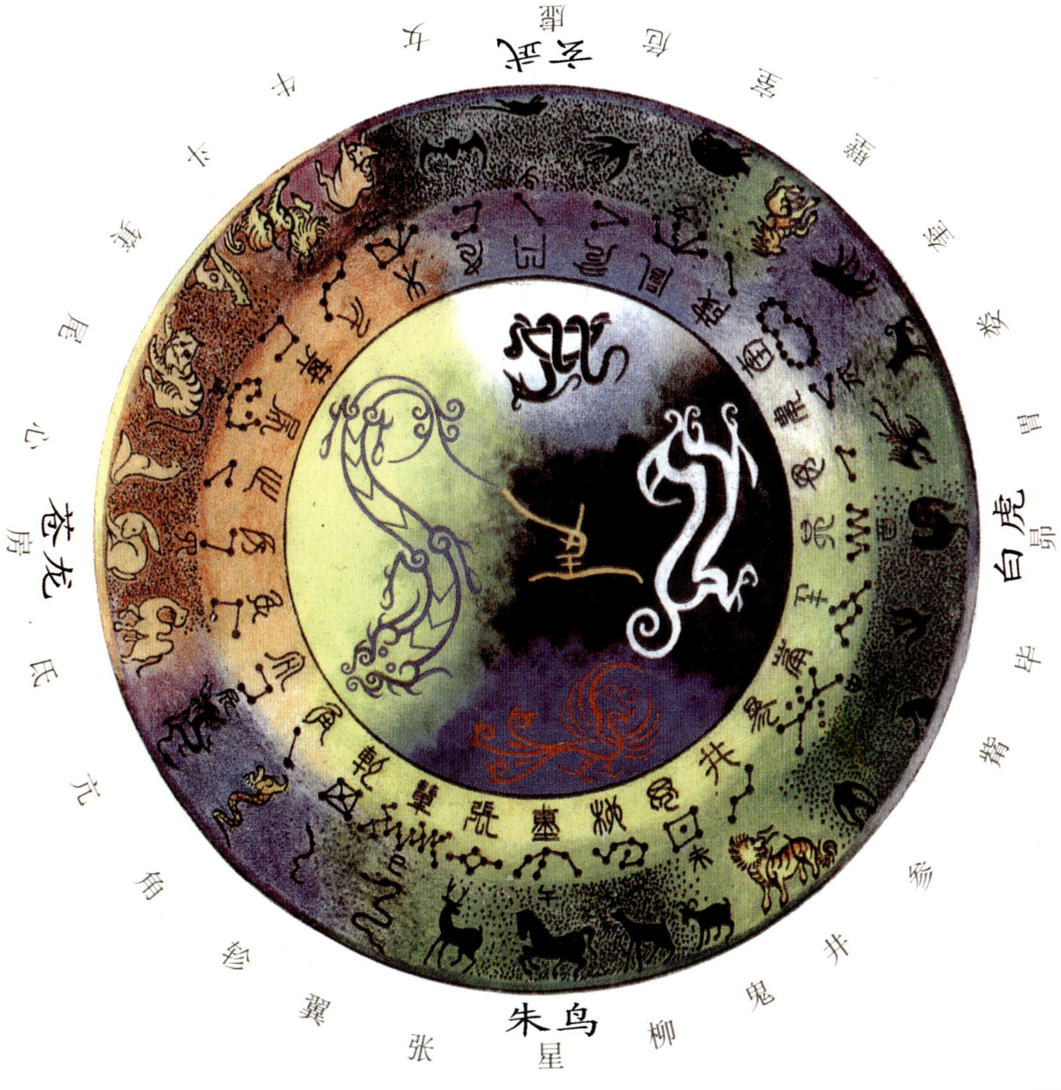
玄武
虚
危
室
壁
奎
娄
胃
昴
白虎
毕
觜
参
井
鬼
柳
星
朱鸟
张
翼
轸
角
亢
氐
房
苍龙
心
尾
箕
斗
牛
女

拱极星座仪和南天星空仪

拱极星座仪和南天星空仪是自己动手制作的天文仪器小工具，两者都可以用来展示任意日期任意时刻的星空状态和用来进行看星测时。

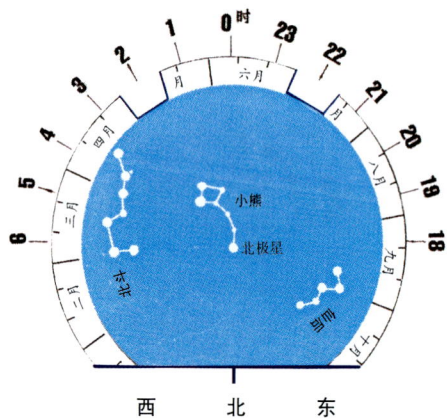

拱极星座仪

1．展示星空状态

转动星图盘，将指定日期（如8月10日）的刻度对准底版图上的指定时间刻度（如20时），这时星图盘展示的就是当日当时（即8月10日20时）的星空状态。这时北斗星在北极星西边，仙后座在北极星东边。

2．看星测时

首先实地观测星空，例如8月1日看到指极星北斗一、二位于北极星的左方，于是转动拱极星座仪的星图盘，将星图盘上的指极星北斗一、二也转到北极星的左方。这时，当天日期（即8月1日）的刻度所对着的一个刻度（在20时与21时中间，约20时30分）就是当时的时刻，当时是20时30分左右。

1．展示星空状态

转动星图盘，将指定日期（如2月20日）的刻度对准底版图上的指定时间刻度（如22时），这时，星图盘展示的就是当时（即2月20日22时）的星空状态。这时正南方是双子座，东方是狮子座，西方是金牛座。

南天星空仪

2．看星测时

首先实地观测星空，例如12月1日看到正南方是双子座，于是转动南天星空仪的星图盘，将星图盘上的同一个星座（也是双子座）转到"0时"刻度处，这时当天日期（即12月1日）的刻度所对着的一个时间刻度（即3时）就是当时的时刻，当时是凌晨3时许。

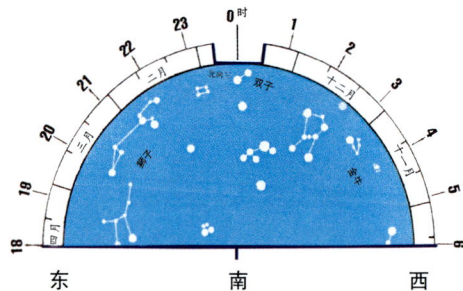

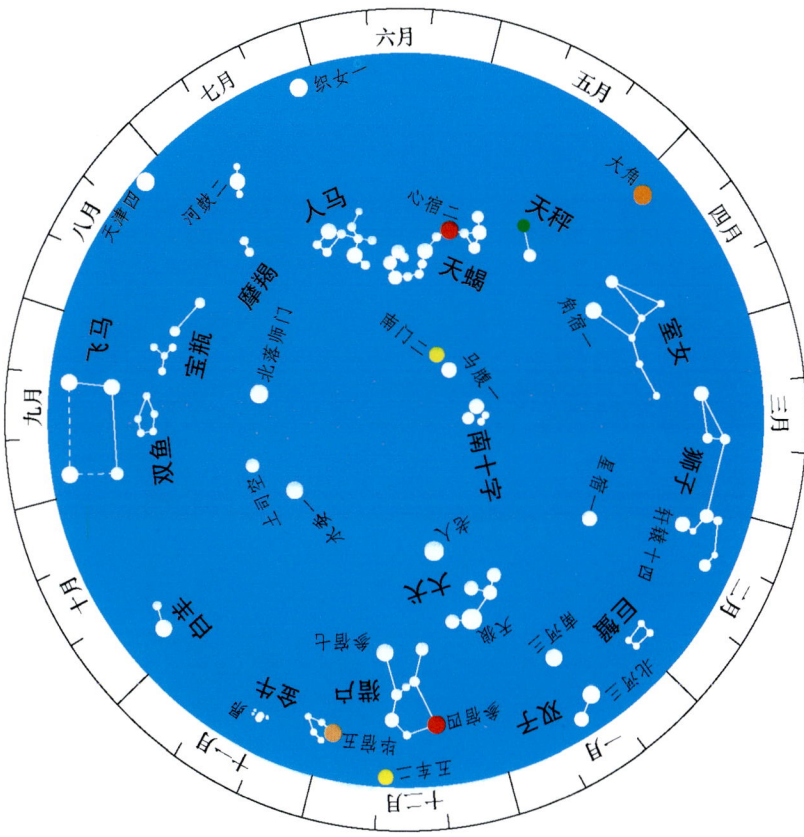

南天星空仪的星图盘

制作方法：

1. 刻划出南天星空仪的底版图上的U形舌，两个方孔和下方一长一短一短的两条蓝色水平线。

2. 剪下南天星空仪的星图盘，将它嵌入南天星空仪上底版上的U形舌下，让它的下半圆嵌入从下边缘从下方的短狭缝中，并让其边缘从下方的短狭缝中，让U形舌压在星图盘上。这样星图盘便可任意转动。

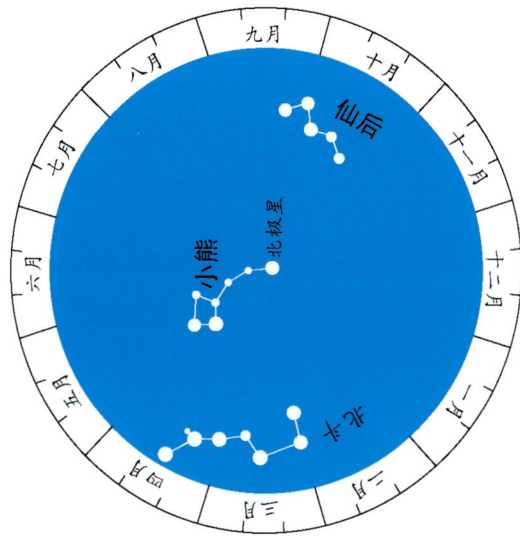

拱极星座仪的星图盘

制作方法：

1. 刻划出拱极星座仪的底版图上的方孔，两个U形舌和下方的蓝色水平线。

2. 剪下拱极星座仪中心的星图盘，将它嵌入拱极星座仪上的两个U形舌下，再把它的下半圆插入下方的水平缝中。这样星图盘便可任意转动。

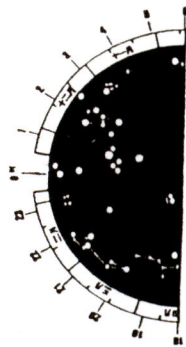

南天星空仪

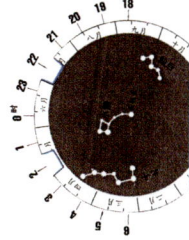

拱极星座仪

组装好的成品

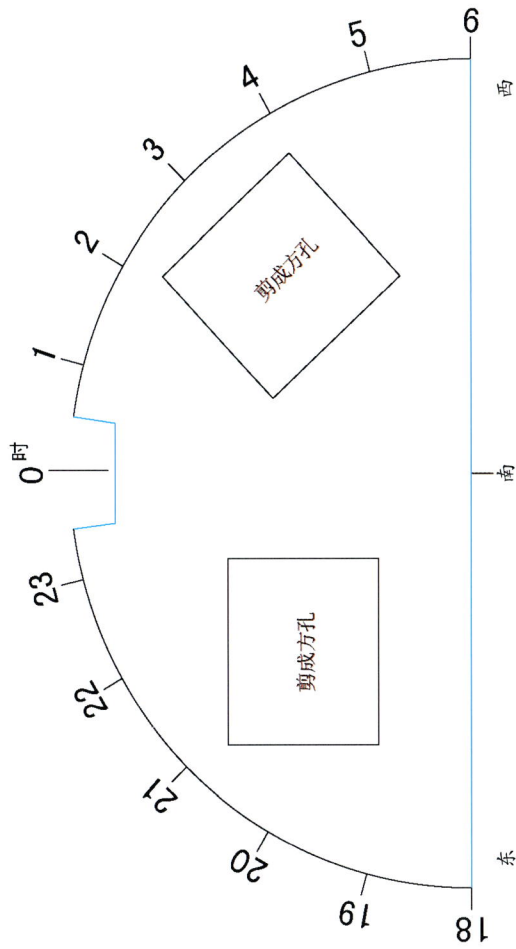

剪成方孔

剪成方孔

南天星空仪

西

南

东

星海波影

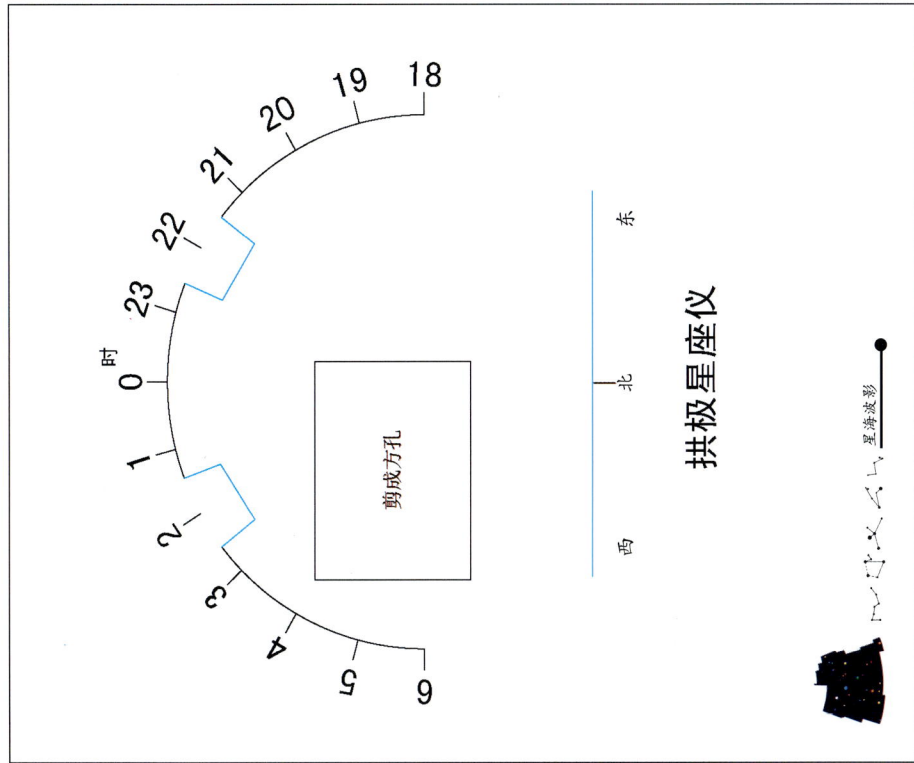

剪成方孔

拱极星座仪

西

北

东

星海波影